U0201018

牛病诊治关键技术一点通

石玉祥 米同国 李连缺 黄占欣 著

河北出版传媒集团
河北科学技术出版社

图书在版编目（CIP）数据

　　牛病诊治关键技术一点通 / 石玉祥等著 . -- 石家庄：
河北科学技术出版社 , 2017.4（2018.7 重印）
　　ISBN 978-7-5375-8279-7

　　Ⅰ . ①牛… Ⅱ . ①石… Ⅲ . ①牛病－诊疗 Ⅳ .
① S858.23

　　中国版本图书馆 CIP 数据核字 (2017) 第 030933 号

牛病诊治关键技术一点通

石玉祥　米同国　李连缺　黄占欣　著

出版发行：	河北出版传媒集团　河北科学技术出版社
地　　址：	石家庄市友谊北大街 330 号（邮编：050061）
印　　刷：	天津一宸印刷有限公司
开　　本：	710mm×1000mm　1/16
印　　张：	10
字　　数：	128 千字
版　　次：	2017 年 7 月第 1 版
印　　次：	2018 年 7 月第 2 次印刷
定　　价：	32.80 元

如发现印、装质量问题，影响阅读，请与印刷厂联系调换。

厂址：天津市子牙循环经济产业园区八号路 4 号 A 区

电话：（022）28859861　邮编：301605

前 言 /Catalogue

在长期的养牛实践中，我国畜牧兽医工作者对牛病的诊断与防治积累了丰富的经验，促进了养牛业的发展。近年来，随着农业产业结构的调整，养牛业又向集约化、现代化方向发展。由于基层畜牧兽医工作者受各种条件的影响或制约，不能及时掌握和运用新的牛病诊治技术与方法，缺乏牛病诊治方面的知识，同时我国基层养牛方法不规范，这都给牛病(尤其是牛的疑难病症)的预防和诊治带来了困难，往往使养牛场（户）造成一定的经济损失。为解决此问题，我们根据临诊经验和牛病的特点，编写了《牛病诊治关键技术一点通》。编写本书时，编者着重考虑了基层畜牧兽医工作者和广大养牛场（户）的切实需要和实际情况，采用通俗易懂的语言，在系统介绍牛病综合防治的同时，重点突出了牛的各类疾病诊治的关键技术和方法，使读者在翻阅本书时能够"一目了然"，从而达到快速掌握牛病诊治要点和帮助养牛场（户）控制疾病的目的。另外，编者还对牛的常见病和疑难病症的鉴别诊断做了较为详细的叙述。在牛病防治上既强调疗效和成本，又考虑不影响牛的生产性能和产品品质。

在编写本书的过程中，编者参考了许多国内外权威文献资料，并结合知名专家的建议和许多养牛场和养牛专业户在实际工作中遇到的情况，这使得本书既具有很强的科学性又具有

很强的实用性，为基层畜牧兽医工作者和广大养牛专业户快速、准确地诊断牛病提供了可行的思路。

在编写中，由于时间仓促，疏漏之处在所难免，欢迎畜牧兽医界同行和广大养牛人员批评指正。

编　者

2016年1月

目 录/Catalogue

一、牛病综合防治关键技术

牛病诊断的关键技术

（一）临床检查的基本方法

1.问诊　在对病牛进行检查前，先向畜主调查、了解病牛甚至全群牛的有关发病情况。问诊内容主要包括以下几方面。

（1）了解病史：主要了解病牛以前的患病情况。

（2）现病历：重点是询问本次发病的时间、地点；发病的主要症状，目前与发病时相比病情加重还是减轻，有无新的症状；对本病所采取的治疗措施与效果。

（3）平时的饲养、管理情况：首先了解饲料质量和配合方法，有无突然变更饲料、饲料发霉、偷食现象。管理方面，如天气突变时，是否及时采取措施；是否在污染区放牧、受惊吓及运动情况等。对于母牛，了解怀孕时间、产子时间、是否顺产、产后情况及其泌乳量和乳的质量。

（4）牛病流行情况：主要了解附近牛群中有无类似疾病，特别要注意有无传染可疑或群发现象，本病发病率及死亡率。

对问诊所得到的材料，不要简单地肯定或否定，应结合临床检查结果，进行综合分析；更不要单纯依靠问诊而草率做出诊断或立即给予处方、用药。

2.视诊 对刚来就诊的病牛，让其稍经休息、呼吸平稳并适应新的环境后，再进行检查。最好在自然光照的场所进行，通常是用肉眼直接观察被检牛的状态。必要时，可利用各种简单器械作间接视诊。视诊主要了解病牛的一般概况和判明局部病变的部位、形状及大小。

直接视诊时，一般先不要接近病牛，也不宜进行保定，应尽量使牛保持自然姿态。检查者在牛左前方1～2米处开始。首先观察其全貌，主要包括精神状态、营养、发育与躯体结构状况、自然姿势和被毛。然后由前往后、从左到右、边走边看，观察病牛的头、颈、胸、腹、脊柱、四肢。走到后方时，注意观察尾、肛门及会阴部，并对照观察两侧胸、腹部是否异常。为了观察运动过程及步态，可进行牵遛。最后再接近病牛，检查病牛皮肤、黏膜和粪尿等情况。间接视诊时，根据需要做适当保定后，进行有关检查。

（1）全身状态检查：精神状态主要观察病牛的神态，根据其耳、眼的活动，面部表情及各种反应、动作而判定。健康牛表现为头耳灵活，眼光明亮，反应迅速，行动敏捷，被毛平顺并富有光泽；幼牛则显得活泼好动。病牛的精神状态分抑制状态和兴奋状态两种。抑制状态表现为耳耷头低，眼半闭，行动迟缓或呆然站立，对周围淡漠而反应迟钝，重则嗜睡或昏迷。兴奋状态表现为轻则左顾右盼，惊恐不安，竖耳刨地；重则不顾障碍地前冲、后退，狂躁不驯或挣扎脱缰，哞叫或摇头乱跑；严重时可见攀登饲槽、跳越障碍，甚至攻击人畜。

营养、发育与躯体结构。营养主要根据肌肉的丰满度，皮下脂肪的蓄积量及被毛情况而判定；发育主要根据骨骼的发育程度及躯体的大小而定；躯体结构主要注意病牛的头、颈、躯干及四肢、关节各部的发育情况及其形态、比例关系。健康牛表现为肌肉丰满，骨骼棱角不显露，被毛光顺；体躯发育与年龄相称，肌肉结实、体格健壮；躯体结构紧凑而匀称，各部的比例适当。病牛多表现为营养不良，消瘦，骨骼表露明显，被毛粗乱无光，皮肤缺乏弹性；躯体矮小，发育程度与年龄不相称；幼牛多表现为发育迟缓甚至发育停滞；单侧的耳、眼、脸、鼻、唇松弛、下垂而致头面歪斜（如面神经麻痹）；头大颈短、面骨膨隆、胸廓扁平、腰背凸凹、四肢弯曲、关节粗大（如佝偻病）；腹围极度膨大，胁部胀满（如肠臌气）。

姿势与步态。主要观察病牛表现的姿态特征。健康牛姿态自然，站立时常低头，食后喜四肢集于腹下而卧，起立时先起后肢，动作缓慢。异常姿势可见全身僵直表现为头颈挺伸，肢体僵硬，四肢不能屈曲，尾根挺起，呈木马样姿势（如破伤风）；病牛单肢悬空或不敢负重（如跛行时）；两前肢后踏、两后肢前伸而四肢集于腹下（如蹄叶炎）。站立不稳：躯体歪斜或四肢叉开、依墙靠壁而站立；骚动不安：牛可见以后肢蹴腹动作；异常躺卧姿势：牛呈曲颈状卧而昏睡（如生产瘫痪）；步态异常：常见有各种跛行，步态不稳，四肢运步不协调或是蹒跚、踉跄、摇摆、跌晃，而似醉酒状（如脑脊髓炎症）。

（2）被毛检查：主要通过视诊，观察被毛的清洁、光泽、脱落情况。检查被毛时，要注意被毛的污染情况，尤其注意污染的部位（体侧、肛门或尾部）。

健康牛的被毛，平顺而富有光泽，每年春秋两季适时脱换新毛。病牛可表现为被毛蓬松粗乱，失去光泽，易脱落或换毛季节推迟。

（3）皮肤检查：主要通过视诊，观察皮肤颜色、湿度和有无丘疹、水泡和脓肿。

皮肤颜色检查主要看皮肤颜色是否正常、有无出血。

丘疹、水泡和脓肿检查要特别注意牛被毛疏稀处、眼周围、唇、蹄趾间等处。皮肤湿度通过视诊，可见有出汗与干燥现象。

（4）皮下组织检查：发现牛皮下或体表有肿胀时，应注意肿胀部位的大小、形状，并触诊，断定其内容物性状、硬度、温度、移动及敏感性等。

皮下浮肿为表面扁平，与周围组织界线明显。

皮下气肿为边缘轮廓不清。

脓肿及淋巴外渗：外形多呈圆形突起。

（5）结膜检查：首先观察牛眼睑有无肿胀、外伤及眼分泌物的数量、性质。然后再打开眼睑进行检查。检查时，主要观察其巩膜的颜色及其血管情况，检查时可用一手握牛角，另一手握住其鼻中隔并用力扭转其头部，即可使巩膜露出；也可用两手握牛角并向一侧扭转，使牛头偏向侧方；检查牛结膜时，可用大拇指将下眼睑拨开观察。牛结膜的颜色呈淡红色，但水牛较深；结膜颜色的变化可表现为：潮红（呈现单眼潮红、双眼潮红、弥漫性潮红及树枝状充血）、苍白、黄染、发绀及出血（出血点或出血斑）。检查结膜时最好在自然光线下进行，因为灯光下对黄色不易识别。检查时动作要快，且不宜反复进行，以免引起充血。应对两侧结膜进行对照检查。

（6）检查有无生理活动异常：如尿频、呼吸加快或减慢、常有排粪姿势。

3.触诊 一般在视诊后进行，触诊时应注意安全，必要时应进行保定。触诊牛的四肢及腹下等部位时，一手放在牛体的适宜部位做支点，另一手进行检查；并应从前往后，自上而下地边抚边接近被检部位，切忌直接突然接触。检查某部位的敏感性时，宜先健区后病部，先远后近，先轻后重，并应注意与对应部位或健区进行对比。触诊前应先遮住病牛的眼睛，注意不要使用能引起病牛疼痛或妨碍病牛表现反应动作的保定方法。对体表病变部位或有病变可疑的部位，用手触摸，以判定其病变的性质。触诊的方法依检查的目的与对象而异。

（1）常用手指、手掌或手背接触皮肤进行感知检查体表的温度、湿度、皮肤弹性或某些器官的活动情况（如心搏动、脉搏、瘤胃蠕动等）。

皮肤温度检查：用手背触鼻镜、角根、胸及四肢。病牛常表现全身皮温升高、局部皮温升高或全身皮温降低、局部皮温降低，或皮温分布不均。

皮肤湿度检查：通过视诊和触诊进行，有出汗与干燥现象。

弹性检查：牛的皮肤弹性部位检查在最后肋骨后部。检查方法：将该处皮肤作一皱襞后再放开，观察其恢复原态的情况。健康牛放手后立即恢复原状。皮肤弹性降低时，放手后恢复缓慢。

（2）局部与肿物的硬度和性状检查：常用手指轻压或揉捏，根据感觉及压后的现象去判断。

浅表淋巴结的检查：主要根据触诊。检查时应注意其大小、形状、硬度、敏感性及在皮下的可移动性。

牛常检查颌下、肩前、膝襞、乳房上淋巴结等。淋巴结的病理变化有：急性肿胀表现淋巴结体积增大，并有热、痛反应，常较硬，化脓后可有波动感；慢性肿胀表现多无热、痛反应，较坚硬，表面不平，且不易向周围移动。

（3）以刺激为目的而判定牛的敏感性时，应在触诊的同时注意牛的反应及头部、肢体的动作，如牛表现回视、躲闪或反抗，常是敏感、疼痛的表现。

（4）对内脏器官的深部触诊，须依被检牛的个体特点（如大小）及器官的部位和病变情况的不同而选用手指、手掌或拳进行压迫、插入、揉捏、滑动或冲的方法进行。还可通过直肠进行内部触诊。

（5）对某些管道（食管、瘘管等），可借助器械（探管、探针等）进行间接触诊（探诊）。

4.叩诊 敲打牛体表的某一部位，根据所产生音响的特性，来推断被检器官、组织内部病理变化。

（1）直接叩诊法：主要用于判断内容物性状、含气量及紧张度。具体操作是用手指或叩诊锤直接向牛体表的一定部位（如瘤胃臌气）叩击的方法。

（2）锤板叩诊法：本法主要适用于检查肺脏、心脏及胸腔的病变；也可用以检查肝、脾的大小和位置。具体操作是一般左手持叩诊板紧密地放在被检部位上，右手持叩诊锤，以腕关节做轴，将锤上下摆动并垂直地向叩诊板上，连续叩击2～3次，以听取其音响。

叩诊的基本音调有三种。

清音（满音）：如叩诊正常，肺部发出的声音具有音响强、音调低、清晰而持续时间长的特征。

浊音（实音）：如叩诊厚层肌肉或肺部（发生大面积炎症浸润）发出的声音，音调低，音响弱而钝。

鼓音：如叩诊瘤胃上部时，发出的声音，振动有规则，类似敲鼓的声音。

在叩诊过程中，将叩诊板应紧密地贴于牛体壁的相应部位上，对瘦牛不能将其横放于两条肋骨上，也不能用强力将叩诊板压迫在体壁上。除叩诊板外，其余手指不应接触牛体壁，以免影响振动和音响；叩诊锤应垂直地叩在叩诊板上；叩诊锤在叩打后应很快地离开。为了均等地掌握叩诊用力的强度，叩诊的手轻松地上下摆动进行叩击，不应强加臂力。在相应部位进行对比叩诊时，应尽量做到叩击的力量、叩诊板的压力等都相同。叩诊锤的胶头要注意及时更换，以免叩诊时发生锤板的特殊碰击音而影响准确的判断。

5.听诊　听诊是听取牛的某些器官在活动过程中所发生的声音，借以判定其病理变化的方法。

（1）直接听诊法：具体操作是先在牛体表上放一块听诊布，然后将耳直接贴于牛体表的被检部位进行听诊。

（2）间接听诊法：具体操作是应用听诊器在被检器官的体表相应部位进行听诊。

听诊在安静的环境中进行，听诊器两耳塞与外耳道相接要松紧适当，过紧或过松都影响听诊的效果。听诊器的集音头要紧密地放在牛体表的被检部位，并要防止滑动。听诊器的胶管不要与手臂、衣服、牛被毛等接触、摩擦，以免发生杂音；听诊时要聚精会神，并同时要注意观察牛的活动与动作，如听诊呼吸音时要注意呼吸动作，听诊心脏时要注意心搏动等。并应注意与传导来的其他器官的声音相鉴别。听诊胆小易惊或性情暴烈的牛时要由远而近地逐渐将听诊器集音头移至听诊区，以免引起牛反抗。

（二）体温、脉搏测定

1.体温的测定　通常测直肠温，首先甩动体温计使水银柱降至35℃以下，用酒精棉球擦拭消毒并涂以润滑剂后再使用。被检牛应适当保定。测温时，检查者立于牛的左后方，以左手提起其尾根部并稍推向对侧，右手持体温计经肛门徐徐捻转插入直肠中，再将附有的夹子夹于尾毛上；经3～5分钟后取出，读取度数。用后甩下水银柱并放入消毒瓶内备用。

测温时应注意：体温计于用前应统一进行检查、验定，以防有过大的误差。对门诊病牛，应使其适当休息并安静后再测。对病牛应每日定时（午前与午后各1次）进行测温，并逐日绘成体温曲线表。测温时要注意人畜安全；体温计的玻棒插入的深度为体温计全长的2/3；注意避免产生误差；用前须甩下体温计的水银柱；测温的时间要适当（按体温计的规格要求）；勿将体温计插入宿粪中；对肛门松弛的母畜，可测阴道温度，但是，通常阴道温度较直肠温度稍低（0.2～0.5℃）。

2.脉搏数的测定　测定每分钟脉搏的次数，以次/分表示。

牛通常检查尾动脉。检查者站在牛的正后方，左手抬起牛尾，右手拇指放于尾根部的背面，用食指、中指在距尾根10厘米左右处尾的腹面检查。检查脉搏时，待牛安静才可测定。一般应检测1分钟。脉搏过弱而不感于手时，可测心跳次数代替之。

（三）呼吸系统的检查

1.呼吸运动的检查

在牛安静且无外界干扰的环境中进行如下检查。

（1）呼吸频率的检查：一般可根据胸腹部起伏动作而测定，检查者立于牛的侧方，注意观察其腹胁部的起伏，一起一伏为1次呼吸。在寒冷季节也可观察呼出气流来测定。测定每分钟的呼吸次数，以次/分表示。

（2）呼吸类型的检查：检查者站于牛的后侧方，观察呼吸时胸廓与腹壁起伏动作的协调性和强度。健牛表现为胸腹式呼吸，即在呼吸时，胸廓与腹壁的动作很协调，强度大致相等；病理情况下，牛表现为胸式或腹式呼吸。

（3）呼吸节律的检查：检查者站于牛的侧方，观察每次呼吸动作的强度、间隔时间是否均等。健牛表现为呼吸节律正常，即在吸气后紧接呼气，经短时间休止后，再行下次呼吸。每次呼吸的间隔时间和强度大致均等；病牛呼吸节律失常，常表现为由浅到深再到浅，经暂停后复始，或深大呼吸与暂停交替出现，或呼吸深大而慢，但无暂停。

（4）呼吸均匀性检查：检查者站于病牛的后方，对照观察两侧胸壁的起伏动作强度是否一致。健牛呼吸时表现为两侧胸壁的起伏动作强度一致；病牛则表现为两侧不对称的呼吸动作。

（5）呼吸困难的检查：检查者仔细观察牛鼻翼的扇动情况及胸腹壁的起伏和肛门的抽动现象，注意头颈、躯干和四肢的状态和姿势，并听取喘气的声音。健牛呼吸时表现为自然而平顺，动作协调而不费力，呼吸频率相对正常，节律整齐，肛门无明显抽动。病牛则表现为呼吸异常费力，呼吸频率增加或减少，辅助呼吸肌参与呼吸运动，常有以下情况：吸气性呼吸困难时，头颈平伸，鼻孔张开，形如喇叭，两肘外展，胸壁扩张，肋间凹陷，肛门有明显的抽动，甚至呈张口呼吸，吸气时间延长，可听到明显的吸气性狭窄音；呼气性呼吸困难时，呼气时间延长，呈两阶段呼出，辅助呼气肌参与活动，腹肌极度收缩，沿季肋缘出现喘线；混合型呼吸困难具有以上两型的特征，但狭窄音多不明显而呼吸频率常明显增多。

2.上呼吸道检查

（1）呼出气体检查：在牛的前面仔细观察两侧鼻翼的扇动和呼出气流的强度，并嗅闻呼出气有无特殊臭味。如疑为传染病时（如鼻疽、结核等），检查者应带口罩。健牛呼出气流均匀，无异常气味，稍有温热感；病牛可见有两侧呼出气流不等，或有恶臭、尸臭味和热感。

（2）鼻液检查：首先观察牛有无鼻液，对鼻液应注意其量、色、性状、混有物及单侧或双侧性。健牛有少量浆液性鼻液，常被其自然舔去。病牛表现为：浆液性鼻液，为清亮无色的液体；黏液性鼻液，似蛋清样；脓性鼻液，呈黄白色或淡黄绿色的糊状或膏状，有脓臭味；腐败性鼻液，污秽不洁，带褐色，呈烂桃样或烂鱼肚样，具尸臭气味。此外，应注意有无出血（鼻出血鲜红呈滴或线状；肺出血鲜红，含有小气泡；胃出血暗红，含有食物渣）及其特征、数量、排出时间及单双侧性。

（3）鼻液中弹力纤维检查：取少量鼻液，置于试管或小烧杯内，加入

10%氢氧化钠（或氢氧化钾）溶液2～3毫升，均匀混合，在酒精灯上，边振荡边加热，煮沸至完全溶解。然后，离心倾去上清液，再用蒸馏水冲洗并离心，如让其着色，最好于离心前加1%伊红酒精溶液数滴。再取沉淀物涂于载片上，镜检。

弹力纤维为透明的折光性强的细丝状弯曲物，具有双层轮廓，两端尖或呈分叉状，常集聚成束状而存在，染色后呈蔷薇红色。因易被某些酶溶解，故应多次检查方准确。

3.鼻黏膜检查

（1）鼻黏膜检查法：将牛头抬起，使鼻孔对着阳光或人工光源，即可观察鼻黏膜。检查鼻黏膜时应做适当保定；注意防护，以防感染。重点检查鼻孔颜色、有无肿胀、溃疡、结节、瘢痕等。健牛的鼻黏膜为淡红色，有些牛鼻孔周围的鼻黏膜有色素沉着；病牛有潮红肿胀（表面光滑平坦，颗粒消失，闪闪有光）、出血斑、结节、溃疡、瘢痕，有时也见有水泡、肿瘤。

（2）喉及气管检查：观察喉及气管部位的外部状态，注意有无肿胀等变化。检查者立于牛的前侧，一手握笼头，一手从喉头和气管的两侧进行触压，判定其形态及肿胀的性状；亦可在喉和气管的腹侧，自上而下听诊。健牛的喉和气管外观无变化，触诊不痛，听诊闻似"赫"音；病牛则有：喉和气管区的肿胀，有时有热痛反应，并发咳嗽，听诊可闻强烈的狭窄音、哨音、喘鸣音。

（3）咳嗽检查：先询问有无咳嗽，并注意听取其自发性咳嗽，辨别是经常性或发作性、干性或湿性、有无痛疼、鼻液及其他伴随症状。必要时可作人工诱咳，以判定咳嗽的性质。人工诱咳的具体操作是用多层湿润的毛巾掩盖或闭塞鼻孔一定时间后迅即放开，使之引起深吸气，则可出现咳嗽。也可用特制的橡皮（塑料）套鼻袋，紧紧地套在牛的口鼻部，使牛暂时中断呼吸，然后去掉套袋，病牛在深吸气后，可出现咳嗽。注意在怀疑病牛有严重的肺气肿、肺炎、胸膜肺炎合并心机能紊乱时慎用此法。

4.胸廓检查

（1）胸廓视诊：注意观察牛呼吸状态，胸廓的形状和对称性；胸壁有无损伤、变形；肋骨与肋软骨结合处有无肿胀或隆起；肋骨有无变化，肋间隙有无变宽或变窄，凸出或凹陷现象；胸前、胸下有无浮肿等。健牛表现为呼吸平顺，胸廓两侧对称，脊柱平直，胸壁完整，肋间隙的宽度均匀；病牛则有胸廓如桶状向两侧扩大，或胸廓扁平狭小，或单侧性扩大或塌陷，肋间隙变宽或变狭窄，胸下浮肿或其他损伤。

（2）胸廓触诊：胸廓触诊时应注意牛胸壁的敏感性、感知温湿度、肿胀物的性状并注意肋骨有无变形及骨折等。健牛触诊无痛感；病牛则有：触诊胸壁敏感、有摩擦感、热感或冷感，肋骨肿胀、变形，或有骨折及不全骨折，尤其幼牛可呈串珠样肿，胸下浮肿。

5.胸、肺叩诊

（1）肺叩诊区：牛肺叩诊区，背界由肩胛骨后角至髋关节划一与脊柱平行的线，止于第11肋间隙；前界由肩胛骨后角沿肘肌向下划一类似"S"形的曲线，止于第4肋间隙下端；后界由12肋骨与脊柱交接处开始斜向前下方引一弧线，经髋结水平线与第11肋间隙相交，肩关节水平线与第8肋间隙相交，止于第4肋间隙下端。此外，在瘦牛的肩前1～3肋间隙尚有一狭窄的叩诊区（肩前叩诊区）。

（2）叩诊方法：胸、肺叩诊除应遵循叩诊一般规则外，须注意选择大小适宜的叩诊板，沿肋间隙纵放，先由前至后，再自上而下进行叩诊。听取声音同时还应注意观察病牛有无咳嗽、呻吟、躲闪等反应性动作。

（3）正常肺区叩诊音：健牛的肺区叩诊音一般为清音，以肺的中1/3最为清楚，而上1/3与下1/3声音逐渐变弱，而肺的边缘则近似半浊音。

（4）胸、肺叩诊的病理性变化：胸部叩诊时可出现疼痛性反应，表现为咳嗽、躲闪、回视或反抗；肺叩诊区的扩大或缩小；出现浊音、半浊音、水平浊音、鼓音或过清音。

6.胸、肺听诊 听诊区与叩诊区大致相同。听诊时，应先从呼吸音较强的部位即胸廓的中部开始，然后再依次听取肺区的上部、后部和下部，也可听肩前区。每一听诊点间隔3～4厘米，在每一点上至少听取2～3次呼吸，且须注意听诊音与呼吸活动之间的联系。对可疑病变应与对侧相应部位对比听诊判定。如呼吸音微弱，可人为地使其呼吸动作加强（如给以轻微运动后再行听诊），以利于听诊。注意呼吸音的度、性质及病理性呼吸音的出现。健牛可听到微弱的肺泡呼吸音，于吸气阶段较清楚，如"吠"、"吠"的声音。整个肺区均可听到，但以肺区中部为最明显。可听到支气管呼吸音，于呼气阶段较清楚，如"赫"、"赫"的声音，但并非纯粹的支气管呼吸音，而是带有肺泡呼吸音的混合呼吸音。

牛在第3～4肋间肩端线上下可听到混合性呼吸音。在病理情况下，可见肺泡呼吸音的增强或减弱，甚至局限性消失。尚可出现病理性呼吸音或附加音：病理性支气管呼吸音、混合性呼吸音（"吠"—"赫"）、湿罗音（似水泡破裂声，吸气末期明显）、干罗音（似哨音、笛音）、胸膜摩擦音（似沙沙声，粗糙而断续，紧压听诊器时明显增强，常出现于肘后）、击水音（如拍打半满的水袋而出现的振荡声）。

（四）消化系统的临床检查

1.口腔检查法 牛的徒手开口法。检查者位于牛头侧方，可先用手轻轻拍打牛的眼睛，在其闭眼的瞬间，以一手的拇指和食指从两侧鼻孔同时伸入并捏住鼻中隔（或握住界环）向上提举，再用另一手伸入口中握住舌体并拉出，口即行张开。

2.腹部的视诊和触诊 观察腹围的大小，形状；触诊腹壁的敏感性及紧张度。

3.瘤胃的触诊、叩诊和听诊 成年牛的瘤胃，其容积为全胃总容积的80%，占左侧腹腔的绝大部分，与腹壁紧贴。

（1）触诊：检查者位于牛的左腹侧，左手放于牛背部，右手可握拳、屈曲手指或以手掌放于左肷部，先用力反复触压瘤胃，以感知内容物性状。正常时，似面团样硬度，轻压后可留压痕。随胃壁缩动可将检手抬起，以感知其蠕动力量并可计算次数。正常时为每2分钟2～5次。

（2）叩诊：用手指或叩诊器在左肷部进行直接叩诊，以判定其内容物性状。正常时瘤胃上部为鼓音，由饥饿窝向下逐渐变为浊音。

（3）听诊：多用听诊器进行间接听诊，以判定瘤胃蠕动音的次数、强度、性质及持续时间。正常时，瘤胃随每次蠕动而出现逐渐增强又逐渐减弱的沙沙声，似吹风样或远雷声，健牛每2分钟为2～5次。

4.网胃触诊、叩诊及压迫检查法 网胃位于腹腔的左前下方，相当于第6～7肋骨间，前缘紧接膈，与心脏相邻，其后下 部则位于剑状软骨之上。触诊时，检查者面向牛，蹲于左胸侧，屈曲右膝于牛腹下，将右肘支于右膝上，右手握拳并抵住剑状软骨突起部，然后用力抬腿并以拳顶压胃区，观察牛的反应。

（1）叩诊：于左侧心区后方的网胃区内，进行直接强叩诊或用拳轻击，观察牛反应。

（2）压迫法：由二人分别站于牛胸部两侧，各伸一只手于剑突下相互握紧，各将其另一只手放于牛的鬐甲部。二人同时用力上抬紧握的手，并用放在鬐甲部的手紧握其皮肤，以观察牛反应。或先用一木棒横放在牛的剑突下，由二人分别自两侧同时用力上抬，迅速下放并逐渐后移压迫网胃区，观察牛反应。

此外，让牛在上下坡路行走或做急转弯运动，观察其反应。

在进行上述检查时，正常牛无明显反应，病牛表现不安、痛苦、呻吟或抗拒并企图卧下。若网胃的疼痛表现敏感，常为创伤性网胃炎的特征。

5.瓣胃触诊和听诊 瓣胃检查在右侧第7～10肋骨间，肩关节水平线上下3厘米范围内进行。

（1）触诊：在右侧瓣胃区内进行强力触诊或以拳轻击，观察牛有无疼痛性反应。对瘦牛可使其左侧卧，在右肋弓下以手伸入进行冲击。

（2）听诊：在瓣胃区听取蠕动音。正常时呈断续性细小的捻发音，于采食后较为明显。主要判定蠕动音是否减弱或消失。

6.真胃触诊和听诊 真胃位于右腹部第9～11肋间的肋骨弓区。

（1）触诊：沿肋弓下进行深部触诊。尽可能将手指插入肋骨弓下方深处，向前下方强行压迫。对犊牛可使其侧卧进行深部触诊。主要判定是否有疼痛反应。

（2）听诊：在真胃区内，可听到类似肠音，呈流水声或含嗽音的蠕动音。主要判定其强弱和有无蠕动音的变化。

7.反刍、嗳气活动观察 通常在牛食后半小时到1小时，安静时或伏卧中进行。正常时，每昼夜进行4～10次，每次反刍持续时间为30～50分钟，每个返回口腔的食团，再咀嚼30～50次。

（1）反刍活动的观察：主要判定反刍有无，开始出现反刍时间，每昼夜反刍次数，每次的持续时间及食团再咀嚼的力量等变化。

（2）嗳气：正常牛每小时内可嗳气20～30次。当嗳气时，可于左侧颈部沿食管沟看到由颈根部向上的气体移动波，同时可听到嗳气时的特有音响。观察嗳气活动时，主要判定其嗳气的次数多少及是否完全停止。

8.直肠检查 直肠检查是将手伸入直肠内，隔着肠壁间接地对后部腹腔器官（胃、肠、肾、脾等）及盆腔器官（子宫、卵巢、盆腔骨骼、大血管等）进行触诊。直肠检查，不仅对这些部位的疾病诊断及妊娠诊断具有一定价值，而且对某些疾病具有治疗作用。

（1）准备工作：首先以六柱栏进行牛的保定，左右后肢应分别以足夹套固定于栏柱下端，以防后踢；为防止卧下及跳跃，要加腹带及压绳；尾部向上或向一侧吊起。若腹围膨大，应先行盲肠穿刺或瘤胃穿刺排气，否则腹压过高，不宜检查，尤其是采取横卧保定时，易造成窒息而死亡；若牛的心脏功能减退，可先给予强心剂；若牛的腹疼剧烈，应先行镇静（可静脉注射5%水合氯醛酒精溶液100～300毫升或30%安乃近溶液20毫升）。为便于直肠检查，一般可先行温水1 000～2 000毫升灌肠，以缓解直肠的紧张并排出蓄粪。

术者应剪短指甲并磨光，充分露出手臂并涂以润滑油，必要时用乳胶手套。

（2）操作方法：术者将检手拇指放于掌，其余四指并拢集聚成圆锥形，以旋转方式通过肛门而进入直肠，当肠内蓄积粪便时应将其取出，再行入手；如膀胱内贮有大量尿液，应对其按摩，因压迫刺激而产生反射排空，或人工导尿。入手沿肠腔方向缓慢伸入，直至检手套有部分直肠狭窄部肠管为止，方可进行检查。当被检牛频频努责时，入手可暂停前进或随之后退，即按照"努则退，缩则停，缓则进"的要领进行操作。切忌检手未找到肠管方向就盲目前进，或未套入狭窄部就急于检查。当狭窄部套手困难时，可以采取胳膊下压肛门的方法，诱导病牛作排粪反应，使狭窄部套在手上。如被检牛过度努责，必要时可用10%普鲁卡因10～30毫升作尾骶穴封闭。

检手套入部分直肠狭窄部或全部套入后，检手做适当地活动，用并拢的手指轻轻向周围触摸，根据脏器的位置、大小、形状、硬度、有无肠带、移动性及肠系膜状态等，判定病变的脏器及位置，病变的性质和程度。无论何时手指均应并拢，绝不允许叉开并随意地抓、搔锥刺肠壁，切忌粗暴，以免损伤肠管。并应按一定顺序进行检查。

（3）检查顺序：肛门及直肠。注意检查肛门的紧张度及附近有无寄生虫、黏液、肿瘤等，并感知直肠内容物的数量及性状，以及黏膜的温度和状态等。

骨盆腔内部。入手稍向前下方检查可摸到膀胱、子宫等。膀胱位于骨盆腔底部，无尿时，可感触到如梨状大小；当其内尿液过度充满时，感觉如一球形囊状物，有弹性、波动感。触诊骨盆腔壁光滑，注意有无脏器充塞或粘连现象，如被检牛有后肢运动障碍时，应注意有无盆骨骨折。

腹腔内部检查。牛的直肠检查，除主要用于母牛妊娠诊断外，对于肠阻塞、肠绞窄、肠套叠、真胃扭转及膀胱、肾脏等疾病也均有一定意义。

检手伸入直肠后，以水平方向渐次前进，当至结肠的后段"S"状弯曲部，即可按顺序检查。

瘤胃：在骨盆前口的左侧，可摸到瘤胃的背囊，其上部完全占据腹腔的左侧，触诊可感到有呈捏粉样硬度的内容物及瘤胃蠕动波。

肠：几乎全部位于腹腔的右半部。盲肠在骨盆口的前方，其尖端的一部分达骨盆腔内；结肠圆盘位于右肷部上方；空肠及回肠位于结肠圆盘及盲肠的下方；正常时各部肠管不易区别。

肾脏：左肾的位置决定于瘤胃内容物的充满程度，可左可右，可由第2～3腰椎延伸到第5～6腰椎；右肾悬垂于腹腔内，可以使之移动，或用手托起来，检查较为方便。主要注意其大小、形状、表面状态、硬度等。

腹壁：注意腹膜有无珍珠状结节。

牛病防治的关键技术和措施

（一）牛病防治的基本原则和内容

1.牛病防治的基本原则

（1）预防为主，治疗为辅：多年来的牛病防治实践证明，牛病防治坚持"预防为主，治疗为辅"的原则，特别是集约化养殖程度较高的地区，"预防为主"方针的重要性更加显得突出。抓好牛的饲养管理、预防接种、检疫、隔离、消毒等综合性防疫措施，提高牛的健康水平和抗病能力，控制和杜绝牛疫病的传播蔓延，降低发病率和死亡率。

（2）自繁自养：坚持自繁自养，不仅避免随引种而带来新病原的污染，还能根据当地的需要，设置适当的免疫程序，有效控制疫病传播。

2.牛病防治的基本内容

在采取防疫措施时，我们要根据每种疫病的传染源、传播途径和易感动物各个不同的流行环节，分别轻重缓急，找出恰当的防治措施，以达到在较短时间内以最少的人力、物力控制疫病的流行。多年来的牛病防治实践证明，必须采取"养、防、检、治"的综合性防治措施。

（1）预防措施：加强饲养管理，搞好卫生消毒工作，增强牛的抗病能力；加强对病牛的护理；了解当地牛群疫情特点，拟订和执行定期预防接种和补种计划，预防和控制各种疫病；认真贯彻执行入场验收检疫，结合定期检疫，以便及时发现并消灭病原；定期杀虫、灭鼠，进行粪便无害化处理。

（2）牛群发生疫病时所采取的扑灭措施：及时发现、准确诊断和尽快上报疫情并通知邻近牛群做好预防工作；迅速隔离病牛，对污染的地方进行紧急消毒；进行疫苗紧急接种和药物预防；合理处理死牛和淘汰病牛。

（二）疫情报告

当养牛场发现烈性病或疑似烈性病时，如牛水疱病、牛棘球蚴，必须立即向当地畜禽防疫检疫机构报告。当牛突然死亡或怀疑发生烈性病时，在兽医人员尚未到场或尚未做出诊断之前，应采取下列措施：将疑似烈性病病牛进行隔离，派专人管理；对病牛停留过的地方和污染的环境、用具进行消毒；病牛尸体应保留完整；未经兽医检查同意不得随便急宰；病牛的皮、肉、内脏未经兽医检验，不许食用。

（三）检疫

检疫的目的是对牛进行疫病检查，采取相应的措施以防止疫病在牛群中的发生和传播。牛的检疫主要是牛的入场前检疫，防止将病牛或带菌牛引进场内，引起场内疫病的流行；其次是定期检疫，一般每年检疫2次，隔离、淘汰或销毁病牛，及时预防和控制牛的疫病。有条件的牛场，也应对引进的牛胚胎、冷冻精液、动物性饲料（如鱼粉）进行检疫；对运输牛的汽车、包装、铺垫材料、饲养工具，也应进行检疫。

牛场的检疫应认真进行，否则，不但造成经济损失，而且引起病原体的散播，甚至威胁全场牛及有关人员的安全。

（四）隔离和封锁

1.隔离　隔离病牛和可疑病牛的目的是为了控制病源，防止其他健康牛继续受到感染，以便将疫情控制在最小范围内并加以扑灭。因此，发生疫病流行时，应首先查明其蔓延的程度，应逐头检查临床症状，必要时进行血清学和变态反应检查。当进行大批牛逐头检查时，应注意检疫用具的消毒，如采血或注射针头，最好每头牛一个，不得多头牛连用，以防牛群之间相互传染。根据诊断检疫的结果，可将全部受检牛分为病牛、可疑感染牛和假定健康牛三类，以便区别对待。

（1）病牛：有典型临床症状或类似症状，或经特殊检查呈阳性的牛。由于它们是危险性最大的传染源，应选择不宜散播病源、消毒处理方便的场所进行隔离。特别注意严密消毒，加强卫生和护理工作，设有专人看管和及时进行治疗。隔离场所禁止闲杂人畜出入和接近。工作人员出入应遵守消毒制度。隔离区内的用具、饲料、粪便等，未经彻底消毒处理，不得运出，没有治疗价值的病牛，由兽医人员根据国家有关规定进行严格处理。

（2）可疑感染牛：未发现任何症状，但与病牛及其污染的环境有过明显的接触，并有排菌（毒）的可能，应在消毒后另选地方将其隔离，仔细观察，出现症状时按病牛处理。有条件时应立即进行紧急免疫接种或预防性治疗。隔离时间的长短根据传染病的潜伏期长短而定，经一定时间不发病者，可取消其限制。

（3）假定健康牛：除上述两类外，牛场内其他牛都属于此类。应与上述两类严格隔离饲养，加强防疫消毒和相应的保护措施，立即进行紧急免疫接种，必要时可根据实际情况分散喂养或转移出场。

2.封锁 封锁的目的是为了保护广大地区畜群的安全和人民身体健康，把疫病控制在封锁区之内，以便集中精力就地扑灭。当暴发某些重要传染病时，如果发病区域较大，应采取封锁措施，以防止疫病向安全区散播和健牛误入疫点而被感染。根据传染病性质，兽医人员应按照我国动物防疫法的有关规定，立即报请当地政府机关，划定疫区范围，进行封锁。

封锁区的划分，必须根据该病的流行规律，当时疫情流行情况和当地的具体条件充分研究，确定疫点、疫区和受威胁区，执行封锁时应掌握"早、快、严、小"的原则。具体措施如下：

（1）封锁的疫点所采取的措施：严禁人畜、车辆出入和畜产品及可能污染的物品运出。在特殊情况下人员必须出入时，需经有关兽医人员许可，经严格消毒后出入。对病死牛及其同群牛，县级以上农牧部门有权采取扑杀、销毁或无害化处理等措施，畜主不得拒绝。疫点出入口必须有消毒设施，疫点内用具、圈舍、场地必须进行严格消毒，疫点内的粪便、垫草、受污染的草料必须在兽医人员监督指导下进行无害化处理。

（2）封锁的疫区所采取的措施：交通要道必须建立临时性检疫消毒卡，备有专人和消毒设备，监视畜禽产品及其移动，对出入人员、车辆进行消毒。停止集市贸易和疫区内畜禽及其产品的采购。未污染的畜禽产品必须运出疫区时，需经县级以上农牧部门批准，在兽医防疫人员监督下，经外包装消毒后运出。疫区的易感畜禽，必须进行检疫或预防注射。农村城镇饲养及牧区畜禽，必须在指定疫区放牧。

（3）受威胁区所采取的措施：疫区周围地区为受威胁区，其范围根据疾病的性质、疫区周围的山川、河流、草场、交通等具体情况而定。对受威胁区内的易感动物应及时进行预防接种，以建立免疫带。管好本区易感动物，禁止出入疫区，并注意疫区对水源的污染。禁止从封锁区购买畜禽、草料和畜产品，如从解除封锁后不久的地区买进畜禽或其产品，应注意隔离观察，必要时对畜产品进行无害处理。对设于本区的屠宰场、加工厂、牛产品仓库进行兽医卫生监督，拒绝接受来自疫区的活牛及其产品。

（五）牛病的治疗

牛病的治疗要针对不同的疫病，采取不同的措施。牛的传染病治疗与一般普通病不同，特别是那些流行性强、危害严重的传染病，必须在严密封锁或隔离的条件下进行，务必使治疗的病牛不致成为散播病原的传染源。治疗中既要考虑针对病原体，消除其致病原因，又要帮助动物机体增强抗病能力和调整、恢复生理机能，采取综合性的治疗方法。

1.针对病原体的疗法

（1）特异性疗法：应用针对某种传染病的高免血清、痊愈血清（或全血）等特异性生物制品进行治疗。因为这些制品只对某种特定的传染病有效，而对其他病无效，故称为特异性疗法。例如破伤风抗毒素血清只能治破伤风对其他病无效。高免血清主要用于某些急性传染病的治疗，如牛的巴氏杆菌病、炭疽病、破伤风等。一般在诊断确实的基础上在病的早期注射足够剂量的高免血清，常能取得良好的疗效。如缺乏高免血清，可用耐过动物或人工免疫动物的血清或血液代替，也可起到一定的作用，但用量需加大。血清最好为异种动物血清，应特别注意防止过敏反应。

（2）药物疗法：不合理的应用或滥用药物往往引起不良后果。一方面可使敏感病原体对药物产生耐药性，另一方面可能对机体引起不良反应，甚至引起中毒。使用时一般要注意如下几个问题。

掌握药物的抗菌谱，不要滥用药物。药物各有其抗菌范围，可根据临床诊断，估计致病菌种，选用适当药物。最好以分离的病原菌进行药物敏感性试验，选择对此菌敏感的药物。

考虑到抗生素用量、疗程、给药途径、不良反应、经济价值等问题。开始剂量宜足，以便血液内很快达到有效浓度，杀死病菌；疗程应根据疾病的类型、病牛的具体情况决定，一般急性感染的疗程不必过长，可于感染控制后3天左右停药。

合理联合应用药物。在选用一种药物治疗有效的情况下，不使用两种药物。联合应用时，可通过协同作用增进疗效，如喹诺铜类与β-内酰胺类和氨基酸糖苷类抗生素连用有协同作用，对肠杆菌、革兰氏阳性菌及部分绿脓杆菌的作用增强。但是，不适当的联合使用不仅不能提高疗效，反而可能影响疗效，如加重对肾的毒性。

抗生素和磺胺类药物的联合应用，常用于治疗某些细菌性疾病。如链霉素和磺胺嘧啶的协同作用，可防止病菌迅速产生对链霉素的耐药性，这种方法可用于布鲁氏杆菌病的治疗。青霉素与磺胺类药物的联合应用常比单独使用抗菌效果好。

磺胺类药物可抑制大多数革兰氏阳性和部分阴性细菌，对放线菌也有一定作用，个别磺胺类药还能选择性地抑制某些原虫（如球虫、滴虫）的生长繁殖；抗生素属广谱抗菌药，对革兰氏阳性、阴性细菌，支原体，球虫等病原有作用；呋喃类药属广谱抗菌药，可对抗多种革兰氏阳性及阴性细菌，也有抗球虫作用；其他药物如制霉菌素等，这些药主要用于霉菌感染。

2.针对牛机体的疗法 牛病的治疗过程中，帮助机体消灭或抑制病原体是重要的，但是，又要帮助机体增强抵抗力和调整、恢复生理机能，促使机体快速恢复健康。所以应加强对症治疗。

3.针对病因的治疗 大多数内科疾病和产科疾病是由饲养管理不当引起的，如长期饲喂单一饲料、突然换料、剧烈运动等原因，治疗时应及时除去病因。

（六）消毒、杀虫、灭鼠

1.消毒

（1）机械性处理：经常用机械的方法如清扫牛舍地面、清洗牛体被毛等可清除病原体和污物；利用通风促进舍内空气交换，减少病原体的数量。

（2）物理消毒法：主要有高温处理、紫外线照射的方法。在实际消毒过程中，分别加以应用，如粪便残渣、垫草、垃圾等价值不大的物品，以及倒毙病牛的尸体，可加以焚烧消毒；金属制品可用火焰烧灼和烘烤进行消毒；玻璃器皿、衣物等可进行煮沸消毒。

（3）化学消毒法：化学消毒剂种类很多，各有特点，可按具体情况加以选用。在选择化学消毒剂时应选用对病原体的消毒力强、对人畜的毒性小、价廉易得和使用方便的试剂。

（4）生物性消毒：生物性消毒法主要应用于污染粪便的无害处理。把粪便堆成堆，利用粪便中的微生物发酵产热，可使温度高达70℃以上。经过一段时间，可以杀死病毒、病菌（芽孢除外）、寄生虫卵等病原体而达到消毒的目的。

2.杀死蝇、蜱、蚊等昆虫 蝇、蜱、蚊等昆虫是泰勒虫病的传播媒介。采用生物杀虫或药物杀虫的方法，杀灭这些媒介昆虫和防止它们的出现，对防治牛病有重要的意义。

3.灭鼠 鼠类是结核病、口蹄疫等多种牛病的传播媒介和传染源，故应加强灭鼠。

（七）免疫接种和药物预防

免疫接种是利用疫苗使牛体产生特异性抵抗力，使牛不易被此病感染。根据免疫接种的时间不同，分为预防接种和紧急接种两类。药物预防是为预防某些牛细菌性疾病，在牛群的饲料或饮水中加入某种药物进行预防，使牛在一定时间内可以不受某病的危害。

1.免疫接种 在经常发生某些传染性牛病、有某些潜在传染性牛病或经常受到邻近地区某些传染性牛病威胁的地区，为防患于未然，平时应有计划地给健康牛群进行预防接种。

（1）预防接种：对当地的各种牛传染性疾病的发生和流行情况进行周密调查了解，搞清楚过去曾经常发生过哪些传染病，在什么季节流行，目前存在哪些传染病。针对所掌握的情况，拟订每年的预防接种计划。对新引进的牛，及时进行补种。有时也进行计划外的预防接种。例如输入或运出牛时，为避免在运输中或达目的地后暴发某些传染病，而进行预防接种。一般可采用抗原激发免疫（接种疫苗、菌苗、类毒素等），如巴氏杆菌病运输前可采取注射疫苗以防运输病的发生，若时间紧迫也可用免疫血清进行抗体激发免疫，后者可立即产生免疫力，但维持时间仅半个月左右。

预防接种前，应对被接种的牛进行详细的检查，特别注意其是否健康、年龄大小、是否正在怀孕或泌乳以及饲养条件的好坏等情况。体质健壮或饲养管理条件较好的成年牛，接种后会产生坚强的免疫力。反之，体质弱的、有慢性病或饲养管理条件不好的幼牛，接种后产生的免疫力差，也可能引起较明显的接种反应。怀孕母牛，特别是临产的母牛，在接种时由于驱赶、捕捉等影响或者由于疫苗所引起的反应，有时会发生流产或早产，或者可能影响胎儿的发育。泌乳期的母牛预防接种后，可影响产奶量，如果不是受到传染的威胁，最好暂时不接种。对于那些饲养管理条件不好的牛，在进行预防接种的同时，必须创造条件改善饲养管理。

接种前，应注意了解附近有无疫病流行，如发现疫情，则首先安排对该病的紧急防疫。如无特殊疫病流行则按原计划进行定期预防接种。接种时，防疫人员要认真消毒，剂量、部位准确。接种后要加强饲养管理，使机体产生较好的免疫力，减少接种后的不良反应。

（2）紧急接种：紧急接种是在牛场发生传染病时，为迅速控制和扑灭疫病的流行，而对疫区和受威胁区尚未发病的牛进行的应急性免疫接种。在疫区应用疫苗作紧急接种时，必须对所有受到传染威胁的牛逐头进行详细观察和检查，只能对正常无病的牛进行紧急疫苗接种。

2. 药物预防　牛可能发生的疫病种类很多，其中有些病已研制出有效的疫苗，还有不少的病尚无疫苗或缺乏效果良好的疫苗可供利用，而药物预防往往起到较好的效果。根据牛病的病原菌和药物作用特点，选用适当的药物。

牛发病治疗期间的饲养管理

（一）改善饲料品质

配合饲料时，增加富含维生素、矿物质、蛋白质并柔软多汁易消化的原料，减少粗硬难消化原料的用量，如用青绿饲料、稀玉米粥等代替秸秆类饲料，同时供应充足的温水。

（二）加强管理

（1）牛在发病期间，加强护理，将病牛置于干燥清洁的厩舍，保证牛的御寒保暖。减少各种应激因素的刺激。

（2）给病牛喂料时，做到少喂、勤添。

（3）根据兽医的要求按时使用药物，并仔细观察病牛的病情发展。

二、牛的内科疾病

牛口炎

关键技术

　　诊断： 本病诊断的关键看病牛是否具有口腔黏膜炎症，流涎，严重者采食与咀嚼缓慢、痛苦，甚至有不咀嚼就吞咽的临床症状。

　　防治： 本病防治的关键是加强饲养管理，及时除去病因。病初，在口腔黏膜炎症处涂2%～3%碘甘油（1：9）或1%龙胆紫，严重时肌肉注射抗生素或输液。

牛口炎是牛口腔黏膜及深层组织炎症的总称，又称牛口疮。

（一）诊断要点

本病主要根据牛的临床症状，结合发病原因，即可做出诊断。

1.病因

（1）机械性和物理性因素刺激，如异物刺伤，饲料带有芒刺，牙齿磨损不齐，采食过急而误咬，烫伤和冻伤等。

（2）化学性因素刺激，如误食刺激性和腐蚀性较强的化学物质、使用过高浓度有刺激作用的药物（如吐酒石、高锰酸钾等）、采食有局部强刺激作用的有毒植物和霉败饲料等。在长期营养不良、饲养管理条件低劣的影响下，机体抵抗力下降，口腔黏膜易被一些腐败细菌、真菌侵入而引起炎症。

（3）某些疾病如口蹄疫、泰氏焦虫病、维生素和矿物质缺乏症可引起本病。

2.症状与病变 牛口炎的初期，一般都有口腔黏膜潮红、肿胀、疼痛，口腔温度增高，流涎，口角附有白色泡沫，采食与咀嚼缓慢、痛苦，甚至不咀嚼就开始吞咽等表现。病牛呼出的气体常有难闻气味，下颌淋巴结肿胀，有时有轻度体温升高现象。此外，因炎症的原因和病理发展过程不同，口腔黏膜上还可出现水疱、溃疡、脓包和坏死等病变，多呈散在性分布。

（二）鉴别诊断

1.牛传染性口炎 由病毒引起的口腔黏膜性水疱，呈地方性流行时，蹄肢之间形成水疱。

2.牛口蹄疫 由病毒引起的口腔黏膜、舌背和蹄趾间常有水疱，高温，大量流涎，传播迅速。

3.牛恶性卡他热 由病毒引起的散发性疾病，表现高热稽留、全身水肿、淋巴结肿大，头眼症状明显，伴发口炎。

（三）防治

1.预防 注意饲料卫生，修整或拔除病齿、畸形齿，避免误食尖锐及刺激性物质。

2.治疗

（1）先除病因，如除去口腔异物。

（2）局部病灶可用0.1%高锰酸钾、1%食盐水或2% ~3%的硼酸水溶液冲洗口腔，每天1~2次。若口腔分泌物较多时，可用1%明矾水、0.1%鞣酸液冲洗。口腔溃疡面可以用2% ~3%碘甘油（1：9）或1%龙胆紫涂布。久治不愈者，可用5% ~10%硝酸银溶液腐蚀、促进愈合。

（3）及时使用磺胺类药物或抗生素制剂以防感染。对真菌性感染，可用2%硫酸铜溶液局部涂布，并可服用制霉菌素。病情较重、不能进食者，可静脉注射葡萄糖生理盐水，并使用维生素C和B族维生素配合治疗。

牛咽炎

关键技术————————————————————

诊断：本病诊断的关键是病牛具有食欲，但不敢吞咽或吞咽痛苦，主要表现为头颈伸展、吞咽障碍、流涎、食糜和饮水从鼻孔中逆出。

防治：本病防治的关键是加强饲养管理，除去病因。发病初期，白酒温敷咽部；若有全身症状，肌肉注射抗生素或输液。

牛咽炎是牛咽黏膜、软腭、扁桃体、咽淋巴结滤泡及其深层组织的炎症总称。幼牛最易发生。

（一）诊断要点

本病主要根据病牛病史和临床症状，即可做出诊断。

1.病因

（1）由各种机械性、物理性或化学性刺激引起的咽炎。如采食粗硬或霉败的饲料和异物，饲喂过热或过冷的食物或饮水，吸入有害气体（如氨、硫化氢等）或烟熏，误食强刺激性化学物质，使用浓度过大、刺激性较强的药物。

（2）受寒、感冒、过劳等因素引起牛机体抵抗力下降，一些条件性细菌（如葡萄球菌、链球菌、巴氏杆菌、沙门氏菌等）乘虚而入引起咽炎，特别是扁桃体炎的发生。

（3）邻近部位炎症的蔓延或转移所继发的咽炎，如喉炎；也可见于一些疾病如尿毒症、牛恶性卡他热等。

2.症状与病变 病牛有食欲但不敢吞咽或吞咽时痛苦，头颈伸展，有的不吞咽，将饲草或食团吐出。大量黏液从口角流出或积于口腔内，低头或打开口腔时突然流出。同时，鼻液也大量增加，且常夹杂食糜和唾液。继发喉炎者还有咳嗽、呼吸困难症状。严重者或继发传染病的病牛常有体温升高，心跳加快，呼吸困难，精神沉郁，倦怠无力等全身症状。

咽部潮红，肿胀，并附有较多黏液或脓性分泌物，有的可见有溃疡、坏死。扁桃体常肿胀，呈暗红色。颌下及咽淋巴结也常肿胀，敏感性增高。有时咽喉部黏膜下疏松结缔组织有弥漫性化脓性炎症变化。

（二）鉴别诊断

1.牛咽腔内有异物 多见突然发病，吞咽困难，进行咽腔检查即可发现。

2.牛咽腔内有肿瘤 咽部无炎性变化，触诊无疼痛现象，病程缓慢，久治不愈。

3.牛食管阻塞 咽部无异常，具有吞咽障碍，往往有瘤胃鼓胀。

（三）防治

1.预防 饲喂柔软、优质的青干草或青草及其他多汁易消化的饲料。

2.治疗

（1）病初对咽喉部用白酒温敷，每天3～4次，每次20～30分钟。全身可以用青霉素、磺胺类、喹诺酮类等抗菌药物，尤其对并发喉炎及体温升高者。

（2）对吞咽障碍的病牛，严禁胃管投药，应及时补糖补液。

（3）有疑似传染病者，应注意隔离观察和对症治疗。

牛食道阻塞

关键技术

　　诊断： 本病诊断的关键看病牛是否突然停止采食，呈现痛苦不安症状，并表现为吞咽障碍、流涎、臌气等临床特征。

　　防治： 本病防治的关键是平时加强管理，发病时，及时除去阻塞物，防止继发感染。

　　牛食道阻塞是指食道中的一段被食团或异物阻塞而引起的急性疾病，临床上以突发性吞咽障碍、流涎、臌气等为特征。

（一）诊断要点

诊断主要根据病牛的临床特征，结合易发病因，即可做出诊断。

1.病因

（1）过急采食马铃薯、甘薯等块根类及吞食干燥的粉、饼类饲料时，突然受到刺激的牛易发。

（2）误食的塑料袋、破布等在食道内停滞而引发本病。

（3）全身麻醉的牛，在食管神经机能尚未恢复前喂食，也可引发本病。

（4）食道狭窄和扩张、食道炎等疾病继发性的食道阻塞。

2.症状 多数在牛采食过程中突然停止采食，神情紧张，呈现痛苦不安症状，头颈伸展，常出现频繁的吞咽动作，空口咀嚼，流涎，有的表现咳嗽。若食道完全阻塞，则采食与饮水完全停止，表现为嗳气及反刍均停止，可迅速发生瘤胃臌气，呼吸困难；食道不完全阻塞，能吃进流食和饮水，流涎少，只在采食固体食物时，食物停滞于食道中或被逆呕出来。若阻塞部位较浅，则吞咽时食糜和唾液可从鼻孔逆出；若阻塞部位较深，在颈左侧食管沟内隆起，触压可引起梗噎，并可引发呕吐，但呕吐物不含盐酸，也无特殊气味。食管阻塞较长时间得不到排除者，可引起食管壁组织的炎症、坏死或麻痹，并可引起组织蜂窝质炎或胸膜炎甚至肺坏疽，预后多不良。

（二）鉴别诊断

1.牛胃扩张 呼吸困难，甚至呕吐，呕吐物带酸臭，疝痛症状明显。

2.牛咽炎 牛食道阻塞症状相似，但咽部症状明显。

（三）防治

1.预防 定时定量饲喂，饲喂时勿惊吓牛群。饲喂块状饲料要切碎，并防止偷食。

2.治疗

（1）及时除去阻塞物体。若阻塞部位较浅者，使用开口器打开口后，用钳小心取出阻塞物；若阻塞部位在颈部及胸部，应根据阻塞物性状及其阻塞程度采取相应方法。如用2%水合氯醛溶液灌肠或静脉注射5%水合氯醛酒精注射液，再用植物油或液体食蜡灌入食管中，然后用胃导管将阻塞物向胃内疏导；打气法是在解痉、润滑的基础上，用胃管吸出食管内的唾液及食糜，灌入少量温水，打气，将阻塞物推进入胃内。也可配合应用毛果芸香碱及阿托品皮下注射。

（2）手术疗法。

牛前胃弛缓

关键技术 ————————————————

诊断：本病诊断的关键是看病牛食欲是否突然减少，不吃精料而愿吃青草，口腔干、黏、臭，瘤胃触诊胃壁弹性差，软而无力，听诊瘤胃蠕动次数减少、蠕动音减弱。

防治： 本病防治的关键是平时注意饲料的性状，减少刺激。发病时肌肉注射增强神经机能、恢复胃动力的药物如毛果芸香碱，同时输葡萄糖液以防止脱水和酸中毒。

牛前胃弛缓是指支配牛前胃的神经兴奋性降低，收缩力减弱，引起消化代谢机能障碍的一类疾病。本病是牛的一种常见多发病，特别是舍饲育肥的牛群，一年四季均可发生，早春和晚秋更为多见。

（一）诊断要点

诊断主要根据病牛发病史，结合病牛临床特征做出。

1.病因

（1）长期饲喂粗硬难消化的粗纤维饲料（秸秆、稻糠等）；或长期饲喂含水分过多的饲料（酒糟、豆腐渣、淀粉渣等）；或饲喂含泥沙多、发霉变质、冰冻的饲料及有毒植物；或长期饲喂过于细软的饲料（细碎的草末、麸皮等），不能引起前胃机能兴奋而发病。

（2）惊吓、天气骤变、长途运输、突然换料、妊娠、分娩、兴奋等因素所产生的应激，可导致前胃的迷走神经失调而发生前胃弛缓。

（3）某些疾病如中毒病、硒缺乏症、钙磷代谢障碍、寄生虫病、传染病继发本病。

2.症状 急性病例发病突然，食欲减少，不吃精料而愿吃青草，或有异嗜，反刍缓慢而无力。逐渐发展到食欲废绝，反刍停止，精神沉郁。鼻镜时干时湿，口腔干、黏、较臭，有舌苔，粪便干、少、黏、黑，体温一般无变化。瘤胃触诊内容物一般不太多、不太硬，胃壁弹性差，软而无力；听诊瘤胃蠕动次数减少、蠕动音减弱，收缩无力，持续时间短。时间久者可继发瘤胃臌气或便秘、腹泻交替出现。慢性病例病程较长，病牛全身无力，贫血，消瘦，最终衰竭而死亡。

3.病变 牛瘤胃和瓣胃胀满，瓣胃内容物干燥，可捻成粉末。瓣叶间内容物干涸，如胶合板，脱落上皮成块的瓣叶覆盖在上面。瘤胃和瓣胃外露黏膜潮红，有出血斑，瓣叶组织坏死、溃疡或穿孔。

（二）鉴别诊断

1.牛瓣胃阻塞 瓣胃蠕动减弱，甚至废绝，直肠内有胶冻样物，粪便干、硬、少。

2.**牛酮病** 病牛呼出的气体有烂苹果味，尿中酮体明显增多，并多在产后3~6周发病。

3.**牛瘤胃积食** 触诊病牛左侧壁坚硬、充满，食物下沉，上小下大。

4.**牛创伤性网胃腹膜炎** 姿势异常，体温升高，有血象和酶活性变化的表现。

（三）防治

1.**预防** 注意饲草选择、保管和调制，防止霉败变质。

2.**治疗**

（1）及时更换饲料。病初先停食1~2天，然后给予柔软、易消化的饲料如新鲜青草或优质干草，同时供给充足的饮水。

（2）促进牛胃神经功能的恢复和牛瘤胃蠕动。皮下注射新斯的明10~20毫克，毛果芸香碱30~50毫克；静脉注射10%氯化钠100~250毫升。

（3）改善瘤胃内环境。氧化镁200~400毫克，碳酸氢钠50克，一次性内服；或灌服新鲜健康牛的瘤胃液。

（4）防止脱水和酸中毒。静脉注射25%葡萄糖溶液500~1 000毫升，或葡萄糖生理盐水1 000~2 000毫升、40%乌洛托品溶液20~40毫升、20%安钠咖针溶液10~20毫升。

（5）中药疗法。黄芪90克、党参60克、白术60克、当归60克、陈皮60克、炙甘草45克、升麻45克、柴胡30克，水煎服。

牛瘤胃积食

关键技术

诊断： 本病诊断的关键看病牛是否具有肚腹迅速胀大，瘤胃扩张，瘤胃有实感，内容物呈捏粉状或坚硬感。

防治： 本病防治的关键是合理配合饲料，加强管理；发病时对于轻症病牛，可灌水按摩瘤胃；严重者灌服药物。

牛瘤胃积食是因前胃机能减弱，瘤胃中蓄积过多食物引起的疾病，又称牛瘤胃食滞症，中医称为宿草不转。冬春季多见，尤以老、弱舍饲牛易发。

（一）诊断要点

本病主要根据牛过食病史，结合临床症状和病牛瘤胃听诊、触诊，即可做出初步诊断。

1.病因

（1）经长途运输或采食过量秸秆、稻草和作物秧蔓等粗纤维饲料，饮水不足；过食或偷食精料（如豆类等）后，大量饮水，饲料膨胀而发病。另外临出栏的育肥牛，追加饲喂也是常见的发病原因。

（2）半舍饲半放牧的牛群，从舍饲变放牧以及从放牧变舍饲时发病率较高。饲料中钙磷不足或不平衡，也可以促进本病发生。

（3）某些疾病如寄生虫病、传染病可继发本病。

2.症状

本病病情发展迅速，病牛表现为肚腹胀大，一般多为食滞性胀大，部分病牛于左肷部气胀，穿刺后可逸出少量气体，呈酸臭味。病牛痛苦、呻吟、拱背、起卧不安、右侧横卧。腹壁触诊，直肠内压诊，瘤胃有实感，瘤胃扩张，内容物呈捏粉状或坚硬，有些病例内容物较稀呈粥状，但瘤胃扩张明显。食欲、反刍、嗳气停止，鼻镜发干，体温变化不大。开始粪多，以后愈来愈少，拉黑、少、干而带黏液的粪便。瘤胃听诊蠕动音很弱或消失。严重积食特别是伴发臌气时，表现呼吸困难、心跳加快、黏膜发绀。若是过食精料引起的，发展更快，很易出现神经症状，兴奋不安，结膜潮红，脱水和酸中毒现象比较明显，即使抢救过来也易并发蹄叶炎。

（二）鉴别诊断

1.牛前胃弛缓

食欲、反刍停止，瘤胃内容物呈粥状，不断嗳气，并呈现间歇性瘤胃膨胀。

2.牛急性瘤胃膨胀

发病快，肚腹显著膨胀，瘤胃壁紧张而有弹性，叩诊呈鼓音，呼吸困难。

3.牛创伤性网胃腹膜炎

姿势异常，体温升高，有血象和酶活性变化的表现，瘤胃呈周期性膨胀。

4.牛皱胃阻塞

左下腹部显著膨胀，触诊痛感。粪便稀少或胶冻样分泌物。叩击肋弓，听到钢管音。直肠检查真胃内容物呈捏粉状。

5.牛黑斑病甘薯中毒 症状与瘤胃积食相似，但呼吸用力而困难，鼻翼扇动，喘气粗，皮下气肿。

（三）防治

1.预防

（1）加强饲养管理，不可突然更换饲料，防止饥饿贪食和过食。

（2）合理配合饲料，按牛日粮标准饲喂，不宜单纯饲喂不易反刍和消化的饲草，也不宜过多地加喂精料。

2.治疗

（1）对于轻症，供给大量饮水或掺入酵母粉500～1 000克，同时按摩瘤胃，每次10～20分钟，每隔1～2小时按摩1次。

（2）硫酸镁800毫升，吐酒石8.0毫升，植物油1 000毫升，番木别酊25毫升，福尔马林20.0毫升，水100毫升；或25%葡萄糖1 000毫升，生理盐水2 000毫升，5%碳酸氢钠1 500毫升，维生素B_1 60毫克，维生素C 10毫克，混匀，一次性灌服。

（3）中药疗法。大戟15克，狼毒、滑石各10克，二丑、大黄、黄芩各30克，黄芪60克，芒硝240克，生六曲、生麦芽各120克，猪油250克。

（4）瘤胃切开治疗。

牛瘤胃臌气

关键技术 ————————————————

诊断： 本病诊断的关键看病牛是否在采食后，腹围迅速增大，左侧腹部触诊，气体较多，叩诊呈鼓音。

防治： 本病防治的关键是平时防止突然换料，保证饲料品质。发病时，进行瘤胃放气，皮下注射新斯的明以调节瘤胃机能，灌服鱼石脂止酵。

牛瘤胃臌气是因过多采食易于发酵产气的饲料，在瘤胃内微生物作用下，很快产生大量气体，瘤胃急剧增大而发生膨胀。主要发生于放牧牛，由舍饲转为放牧时更易发生。

（一）诊断要点

本病主要根据牛过食病史，结合发病急、呼吸高度困难、腹围急剧膨大的临床症状，即可做出诊断。

1.病因

（1）放牧牛大量采食青嫩多汁、易于发酵或堆积发热的牧草、豆科牧草、块根块茎、糟粕饲料、霉败饲料、有毒饲料、霜冻或雨露浸渍饲料等；牛饲料配合不当（如钠缺乏，钙磷比例失调等），谷物饲料过多，精料碾磨过细，采食后易形成泡沫。

（2）继发于牛食道阻塞、牛前胃弛缓、某些麻痹瘤胃的有毒植物中毒等疾病。

2.症状 牛急性瘤胃臌气通常在牛采食易发酵饲草后迅速发病，甚至在采食中途突然呆立，停食，瘤胃急剧臌气，来不及救治而死亡。

病情缓和的症状表现为：病牛腹围迅速增大，左侧腹部触诊，气体较多，叩诊呈鼓音。病牛呼吸浅而快，可视黏膜发绀，呼吸困难。心跳加快，脉搏可达100～120次／分钟，心力衰竭，血液循环障碍，静脉怒张。初期排粪、排尿频繁，但量少，后期停止排粪。重者眼球突出，发呆，全身冷汗，最后站立不稳，突然倒地痉挛死亡。

牛泡沫性臌气，病情更严重，常有泡沫从病牛口腔逆出或喷出。一般数小时即可死亡。继发性瘤胃臌气一般发展缓慢，表现食少，左肷胀满，呼吸困难，瘤胃蠕动减弱，消化机能失调，病情时好时坏，常于饮水采食时病情加重。

（二）鉴别诊断

1.牛食管阻塞 可发生瘤胃臌气，但表现突然发病，病牛立即停止采食，神情紧张，呈现痛苦不安症状，头颈伸展，常出现频繁的吞咽动作，空口咀嚼，流涎。

2.牛瘤胃积食 多因过食或偷食精料后发病，瘤胃内容物充满而硬实，食欲、反刍、嗳气停止，鼻镜发干。

3.牛前胃弛缓 食欲、反刍停止，瘤胃内容物呈粥状，不断嗳气，并呈现间歇性瘤胃膨胀。

（三）防治

1.预防

（1）在放牧和改喂青饲料前一周，先喂青干草、稻草或秸秆。

（2）限喂幼嫩牧草或晒干后饲喂。

（3）防止饲料变质，加喂精料要限制；不宜突然饲喂豆科牧草、块根块茎、糟粕饲料；饲喂后，不宜立即饮水。

2.治疗

（1）排除气体。口衔涂有鱼石脂的木棒，用胃导管放气；也可用导管针、长针头在瘤胃左上侧放气。放气的同时，按摩腹部，并注意放气速度。

（2）制止发酵。鱼石脂15～20克，酒精100毫升，加水适量口服。若为泡沫性臌气，应使用食用油或二甲基硅油片。

（3）调节瘤胃机能，改善内环境。皮下注射新斯的明10～20毫克，毛果芸香碱30～50毫克；用1%碳酸氢钠和1%氯化钠反复洗胃，直到胃内容物为碱性；若消除瘤胃内酵解物，口服8%硫酸镁600～1 000毫升。治疗过程中配合强心补液。

（4）中药疗法。大戟、甘遂、芫花各15克，三棱、厚朴、枳实各30克，大黄100克，甘草25克，水煎后加芒硝300克，植物油500毫升，灌服。

牛瓣胃阻塞

关键技术

诊断：本病诊断的关键看病牛鼻镜是否干裂甚至皲裂，排粪干、小、黏、黑到无，带黏液或较粗纤维，时有排便姿势但排不出粪便。瓣胃冲击性触诊疼痛，并感知瓣胃坚硬；瓣胃穿刺可感到阻力，注射困难。

防治：本病防治的关键是平时注意饲料品质及卫生，增加运动。发病时，静脉注射安钠咖，调节瓣胃机能。软化和排除瓣胃内容物如灌服硫酸镁。

牛瓣胃阻塞是因食物在牛瓣胃内停滞，水分被过度吸收而干涸、硬结，引起瓣胃阻塞不通而发病，又称牛百叶干。本病多发生于饲养粗放的牛，发病率虽不高，但早期诊断困难，死亡率高。

（一）诊断要点

本病主要根据病牛临床症状、瓣胃冲击性触诊、瓣胃穿刺，结合病史，即可诊断。

1.病因

（1）长期饲喂比较细软、过碎的饲料或精料，如麸皮、糟渣，且量过大。

（2）饲喂粗老、坚硬、难消化的饲料，如麦秸、豆秸、藤蔓、泥沙及异物（塑料袋、碎布等）；饮水和微量元素的缺乏可促进本病发生。

（3）前胃弛缓、真胃阻塞、热性病、中毒病、脱水性疾病等可继发本病。

2.症状 病初表现以前胃弛缓为主，随着病情进一步发展，病牛精神沉郁，食欲废绝，反刍消失，空口咀嚼，拱背，磨牙，鼻镜干裂甚至皲裂，排粪干、小、黏、黑到无，带黏液或较粗纤维，时有排便姿势但排不出粪便，频频努责，头向右看。瓣胃冲击性触诊可引起疼痛，并感知瓣胃坚硬；瓣胃穿刺可感到阻力，注射困难。后期体温升高，精神极度沉郁。心跳、呼吸加快，结膜发绀，卧地不起，发生脱水和自体中毒而死亡。

（二）鉴别诊断

本病从症状看很易与牛前胃弛缓、牛真胃阻塞、牛肠便秘等相混淆，确诊比较困难。但牛瓣胃阻塞时，瓣胃蠕动减弱，甚至废绝，粪便呈特有的串饼状，粪便纤维少，细腻，黏液多，瓣胃区压诊敏感。穿刺瓣胃，内容物坚硬，注射时阻力较大，难以抽出瓣胃液。

（三）防治

1.预防 避免长期饲喂麸皮和含泥沙的饲料；减少饲喂坚硬、难消化的饲料，如麦秸、豆秸；定期补充微量元素，给予适当运动。

2.治疗

（1）增加瓣胃机能。静脉注射10%氯化钠100～200毫升，20%安钠咖10毫升，可配合皮下注射新斯的明10～20毫克，毛果芸香碱30～50毫克。

（2）软化和排除瓣胃内容物。口服8%硫酸镁600～1 000毫升；或瓣胃内注射10%硫酸钠2 000～3 000毫升，甘油300～500毫升，普鲁卡因2克，呋喃西林3克。

（3）根据具体情况，进行对症治疗，如补液强心，防止酸中毒。

（4）瓣胃切开治疗。

牛真胃阻塞

关键技术

诊断：本病诊断的关键看病牛是否粪便稀少或呈胶冻样分泌物，尿少发黄，有强烈的氨臭味或烂苹果味，右下腹季肋部触诊可有波动感，直肠检查可发现真胃有大量呈捏粉状或糊状的内容物。

防治：本病防治的关键是平时加强饲养管理。发病初期时灌服植物油，严重时向瓣胃注射乳酸以促进胃内容物的排出，静脉注射安钠咖以增强肠胃和心脏机能。

牛真胃阻塞是因迷走神经调节机能紊乱，真胃内容物积滞，后送障碍，真胃体积增大为特征的疾病，又称牛真胃秘结。本病多以体质健壮的成年牛常见。每年冬春季节常发。

（一）诊断要点

本病诊断主要根据病牛症状、直肠检查和真胃听诊，结合发病原因，即可做出确诊。

1.病因 缺乏青料，过量长期饲喂麦糠、豆秸、花生秧或其他秸秆引起；误食异物（塑料袋、碎布等）引起；饲料中泥沙过多引起；过食高蛋白饲料引起；继发于前胃弛缓、小肠阻塞、传染性疾病、代谢性疾病等。

2.症状 病初牛食欲减退，反刍缓慢，粪便稀少或呈胶冻样分泌物。尿少发黄，有强烈的氨臭味或烂苹果味。病牛很快出现食欲废绝，反刍、嗳气停止，肚腹胀满，前胃蠕动音消失。频频作排粪动作，间或排出少量棕褐色糊状粪便，或带有血块。鼻镜发干，附有黏性鼻汁，贪饮。病情进一步发展，牛站立时，右侧腹下方稍微向外侧突出。左侧半仰卧保定，则发现右侧腹下有沉重而庞大的皱胃，于剑状软骨后方推之有晃动感，病牛有痛感。在右下腹季肋部触诊可有波动感。直肠检查可发现真胃有大量呈捏粉状或糊状的内容物。病牛表现为难起、难卧、难行走，运步十分小心。

（二）鉴别诊断

1.牛前胃弛缓　症状与真胃阻塞相似，但右腹部真胃区不膨胀，在肷窝处叩诊、肋骨弓听诊，没有叩击钢管铿锵音。

2.牛创伤性网胃炎　症状与真胃阻塞相似，但病牛表现姿势异常，肘部肌群振颤。

3.牛真胃变位　真胃变位病牛的瘤胃蠕动音虽低沉但不消失，并且从左腹肋到肘后水平线，能听到高朗的丁铃声或潺潺的流水声。

（三）防治

1.预防

（1）加强饲养管理，尤其是加工饲料时，精料不能过多过细，饲草不能过短，麦糠不能过多。

（2）清除饲料异物，避免发生网胃炎，以防损伤迷走神经。

2.治疗

（1）消食化积，防止发酵。病初，灌服植物油500～1 000毫升或8%硫酸镁600～1 000毫升，也可用鱼石脂15～20克，酒精100毫升，加水适量口服。

（2）促进真胃内容物的排除，缓解幽门痉挛。瓣胃注射：乳酸5～8毫升，25%硫酸镁500～1 000毫升，稀盐酸30～40毫升或生理盐水1 000～2 000毫升。

（3）增强肠胃和心脏机能，防止脱水和酸中毒。静脉注射10%氯化钠200～300毫升，20%安钠咖10～20毫升，樟脑糖酒精200～300毫升，配合10～20毫克新斯的明和毛果芸香碱30～50毫克进行皮下注射。

（4）真胃切开治疗。

犊牛皱胃膨胀

关键技术 ————————————————————————

诊断：本病诊断的关键看病牛是否表现不活泼及持续的轻度腹泻，腹部膨胀下垂，外观呈坛状。深部触诊，感到下坠和沉重。

防治：本病防治的关键是平时给予易消化饲料。发病初期给足维生素和矿物质，内服酵母片、乳酶生或胃蛋白酶。严重时进行手术疗法。

犊牛皱胃膨胀是指皱胃积聚大量液体、乳凝块或气体所致的消化机能紊乱的一种疾病。本病多见于2～6月龄的犊牛。

（一）诊断要点

本病主要根据病牛表现的临床症状和深部触诊，结合发病病因，即可做出诊断。

1.**病因**　一般由于采食了某些异物（胶皮、塑料皮、木屑等），也可因采食了某些粗纤维饲料导致幽门不全阻塞而引起，饲养管理或投药不当也可引起。

2.**症状**　病初，仅呈现不活泼及持续的轻度腹泻。其后犊牛逐渐消瘦，腹部膨胀下垂，特别在右下腹部比较明显，外观呈坛状。深部触诊，能摸到坛状皱胃的外形，并感到下坠和沉重。皱胃充满大量气体时，腹部高度膨胀，压迫胸腔、腹腔和血管，导致窒息和心力衰竭。

（二）防治

1.**预防**　加强饲养管理，保证充足维生素和矿物质，给予易消化饲料。

2.**治疗**

（1）及时除去因饲养管理不当而形成本病的病因（如采食异物、服用过多的药物）。

（2）病初期，给予充足维生素和矿物质的同时，内服酵母片、乳酶生或胃蛋白酶，以促进消化。防止肠道感染而选用痢特灵、链霉素、磺胺脒等抗生素，但不宜持续使用。

（3）手术疗法。

牛胃肠卡他

关键技术

诊断：诊断的关键看病牛是否易出虚汗，不断打哈欠，肚腹紧缩，排便迟滞，粪球表面有黏液，可视黏膜苍白稍带黄色。

防治：关键是平时注意饲料品质和卫生。灌服液体石蜡等以排除胃肠内容物，制止发酵，使用抗生素消除病原微生物，同时饲喂易消化的饲料。

（一）诊断要点

本病主要根据病牛所表现的胃肠机能紊乱为主的临床症状，结合饲养管理状况，即可做出诊断。

1.病因 淋雨、受寒、过饥、过饱、饲喂不定时、突然换料、缺乏运动等饲养管理不当。饲料品质较差如发霉、变质或混有泥沙。其他疾病的继发如肝脏疾病。

2.症状 病牛以胃肠机能紊乱为主的慢性胃肠卡他表现为食欲不振或减少。有时出现异嗜，舔墙壁，啃泥土，精神疲乏，易出虚汗，不断打哈欠，被毛无光泽。可视黏膜苍白稍带黄色。口腔黏膜干燥或蓄积黏稠唾液，有舌苔、口臭。硬腭肿胀。肚腹紧缩，排便迟滞，粪球表面有黏液。有时有下痢或腹痛症状。病势有时好转，又反复，长时期不能恢复健康，逐渐瘦弱。不少病例，伴发慢性贫血。有时呈现神经症状，发生抽搐或眩晕。

病牛以肠机能紊乱为主的胃肠卡他表现为以下痢为主要症状。当炎症仅局限于小肠段时，又多无下痢现象。在严重下痢和伴有腹痛时多停止采食，常发微热。

（二）防治

1.预防

（1）必须除去草料中灰尘和泥沙，铡碎不宜消化的草料，用碱软化含大量粗纤维的秸秆，防止发霉。

（2）饲喂时，做到定时、定量，少喂勤添，先草后料。

（3）注意饮水质量，禁用污水，严防暴饮。严寒季节，给予温水。

2.治疗

（1）在清除病因同时，加强护理。病初减饲1～2天，给予优质易消化的草料如青草。病愈后，逐渐转为正常饲喂。

（2）排除胃肠内容物，制止发酵。灌服液体石蜡500～1 000毫升；或硫酸钠200～400克，配成5%溶液，加入酒精50毫升，鱼石脂10～30克，温水灌服。

（3）消除病原微生物。可根据病情和药敏试验选择药物，如恩诺沙星、阿莫西林等，也可用中西复方制剂。

（4）调整胃肠功能。内服苦味酊、鸡内金粉等健胃药，也可用草药健胃药。

牛胃肠炎

关键技术

　　诊断：本病诊断的关键看病牛是否腹泻，排泻物常夹有血液、黏液和黏膜组织，有时混有脓液，恶臭，后期具有全身症状。

　　防治：本病防治的关键是平时注意饲料卫生和管理。发病时灌服酒精、鱼石脂，以清理胃肠，防腐止酵，口服药用炭保护胃肠黏膜，输液防止脱水、酸中毒。

　　牛胃肠炎是因胃肠黏膜和深层组织发炎后，表现为胃肠机能紊乱、脱水、自体中毒症状的疾病。

（一）诊断要点

　　本病主要根据病牛的临床症状，结合听诊和饲养管理状况，即可做出初步诊断。

1.病因

（1）本病的主要原因是饲养和管理不当，如饲喂霉烂、变质、酸败、发热或受到化学药品如酸、碱污染的饲料和饮水不洁；营养不良、长途运输等引起牛抵抗力下降；淋雨、露宿、地面潮湿；天气突然变冷或过热、分娩、发情等应激。

（2）不适当地使用健胃剂和抗生素。

（3）常见于某些疾病继发胃肠炎。

2.症状　牛胃肠炎主要症状是腹泻，排泻物常夹有血液、黏液和黏膜组织，有时混有脓液，恶臭。有时甚至里急后重，或失禁自痢。肠音开始时加强，后期减弱以至消失。口干，舌苔厚、黄、腻，饮欲增加或拒绝饮水，食欲减少或废绝，反刍停止。随着病情发展，病牛迅速表现脱水，眼球下陷，皮肤弹性减退，血液黏稠，尿量减少。全身症状明显，精神高度沉郁，可视黏膜先潮红后黄染或发绀，呼吸困难，体温开始升高1~2℃，但后期则有下降趋势，四肢厥冷。

（二）鉴别诊断

1.牛胃肠炎发病部位的确诊　若口臭显著，食欲废绝，病变可能在胃。

2.若口臭明显、口干黏腻、口温较高，黄染、腹痛明显，初期便秘并伴发轻度腹痛，腹泻出现较晚者，病变可能在小肠。

3.若脱水迅速，腹泻现象出现早，并有里急后重症状，病变可能在大肠。

（三）防治

1.预防

（1）饲喂富有营养、易消化的新鲜饲料，防止饲料霉变。

（2）加强饲养管理，减轻各种应激。如天气突变时，注意舍内保温。

2.治疗

（1）迅速查明原因。若因饲养或管理不当引起的，应立即纠正；如因其他疾病继发的，对症治疗。

（2）对病初排粪迟滞或粪便恶臭者，可采用泻剂，如石蜡油或植物油50~1 000毫升；人工盐或硫酸钠200~400克，配成5%溶液，加入酒精50毫升，鱼石脂10~30克。先用酒精把鱼石脂溶解后，再与人工盐或硫酸钠溶液混和，温水灌服。

（3）消除炎症。可根据病情和药敏实验选择药物，如恩诺沙星、阿莫西林等，也可用中西复方制剂如菌毒清。

（4）纠正酸中毒，防止脱水，调节血液离子平衡。根据情况，按2份生理盐水、1份右旋糖酐、1份5%碳酸氢钠混匀后，静脉注射。

（5）排除胃肠内容物后，口服药用炭、鞣酸或次硝酸铋以保护胃肠黏膜。同时使用洋地黄或安钠咖加强心脏功能。

牛肠便秘

关键技术

诊断： 本病诊断的关键看病牛尤其是老龄牛是否具有间断的腹痛和排粪异常且有变化，听诊瘤胃蠕动微弱或消失。直肠检查，肛门紧缩，直肠内空虚，有时少量干燥的粪屑附在直肠壁上。

防治： 本病防治的关键是早期应用镇痛剂，灌服药物以通便，同时补液和强心。

牛肠便秘是因某种因素的作用，导致粪便积滞而形成的疾病。本病多发生在结肠，也有出现在小肠的。常见于老龄牛。

（一）诊断要点

本病主要根据病牛排粪变化、腹痛现象，结合直肠检查和病史，即可做出准确诊断。

1.病因

（1）通常由于饲喂甘薯藤、豆秸、花生秧和稻草等粗纤维饲料过多所致。

（2）长期饲喂大量精饲料时，若有胃肠弛缓，也可发展为肠便秘。

（3）某些疾病激发本病，如腹部肿瘤、某些腺体增大、肝脏疾病导致胆汁排出减少等。

（4）新生犊牛也可因分娩前的胎粪积聚，导致发生肠便秘。

（5）母牛临近分娩时，因直肠麻痹，容易导致直肠便秘。

2.症状 病的初期，具有轻度腹痛，但可呈持续性。病牛两后肢交替踏地，呈蹲伏姿势，或后肢踢腹。拱背，努责，呈排粪姿势。腹痛剧增后，常卧地不起。病程延长以后，腹痛症状减轻或消失，卧地或厌食；偶尔反刍，但咀嚼无力。鼻镜干燥，结膜呈污秽的灰红色或黄色。口腔干臭，有灰白色或淡黄色舌苔。通常不见排粪，频频努责时，仅排出一些胶冻样团块。直肠检查时，肛门紧缩，直肠内空虚，有时少量干燥的粪屑附在直肠壁上。

（二）鉴别诊断

1.**牛瓣胃阻塞** 瓣胃蠕动减弱，甚至废绝，粪便呈特有的串饼状，粪便纤维少，细腻，黏液多，瓣胃区压诊敏感。穿刺瓣胃，内容物坚硬，注射时阻力较大，难以抽出瓣胃液。

2.**牛皱胃阻塞** 结合右腹部皱胃区局限性隆起症状，根据在欣窝处叩诊肋骨弓进行听诊，像叩击钢管清朗的铿锵音，皱胃穿刺测定其内容物pH值为1～4。

（二）防治

1.**预防** 不饲喂或少喂粗纤维饲料如秸秆、稻草或甘薯藤。

2.**治疗**

（1）早期先用镇痛剂，如抗炎酸。

（2）在用生理盐水补液的同时，将硫酸钠配成8%溶液，灌服硫酸钠500～800克，3～4小时后，灌服食盐250克，水25升。若为结肠便秘，用温肥皂水15～30升作深部灌肠。若为顽固性便秘，再瓣胃注入石蜡油1 000～1 500毫升。

（3）治疗无效时，剖腹破结。

牛肠扭转

关键技术

诊断：本病诊断的关键看病牛是否突然呈现腹痛，表现为踢腹部，以后反复起卧，接着卧地不愿起立。腹围变大后，腹痛减轻。直肠检查可感觉到在右侧腹腔能摸到"肿粗硬的索状物"。

防治：本病防治的关键是平时不要让牛暴饮暴食、剧烈运动。确诊后及时整复肠管。

牛肠扭转是肠管本身伴同肠系膜呈索状扭转的一种肠纵轴扭转，造成肠管闭塞不通。本病在乳牛常有发生，扭转的部位多数在空肠，特别是接近回肠的部位，有时也可发生于盲肠。

（一）诊断要点

本病主要根据病牛临床症状，结合直肠检查结果，即可做出准确诊断。

1.病因 盲肠挥发性脂肪酸浓度增高，致使肠弛缓而发生盲肠扭转。因寒冷因素刺激、粗饲料成分不足引起本病。

2.症状 病牛突然呈现腹痛，表现为踢腹部。若强迫行走，背下沉而小心，有时呻吟，肩部和前肢发抖，厌食，排粪减少或停止，不见排尿。以后反复起卧，经半天至一天后，卧地不愿起立，频频举头回顾腹部，有些病例腹围膨胀。急性阶段维持8~10小时，然后腹痛缓和，精神沉郁。体温可升高1℃左右。脉搏快而弱，呼吸无力，瞳孔和肛门反射消失。呈现严重脱水现象，盲肠扭转时，还伴有碱中毒和低钾血症。直肠检查，通常在右侧腹腔能摸到"肿粗硬的索状物"。在扭转的前段肠管，由于积聚大量液体和气体，故肠管膨胀而紧张；但在扭转的后段肠管，由于与直肠相通，缺乏粪便，故肠管细软而空虚。

（二）鉴别诊断

注意与肠便秘相区别。尽管两者都有腹痛，但肠便秘能排出黏液或粪便。

（三）防治

1.预防 勿使牛体位突然变更，禁止暴饮过冷的水或暴食冰冻饲料，减少或避免剧烈运动。

2.治疗 早期确诊后，应立即进行手术治疗，整复肠管位置，并切除坏死肠管。同时，运用镇静、补液、强心手段。

牛霉菌性肠炎

关键技术

诊断： 本病诊断的关键看病牛是否突然发病，伴有全身症状、腹痛和腹泻，并且有采食含有霉菌毒素饲料的病史。

防治：本病防治的关键是平时注意饲料质量。确诊后口服或灌服药物以清理胃肠，运用药物以防继发感染。

牛霉菌性肠炎是牛采食含有霉菌毒素的饲料所导致胃肠黏膜及深层组织发生炎症的过程，具有地方性和季节性特点。

（一）诊断要点

本病主要根据病牛临床症状，结合饲养管理状况，即可做出准确诊断。

1.病因 饲喂霉菌感染的饲料引起。

2.症状 牛突然发病；精神不振，食欲减退，反应迟钝；可视黏膜潮红、黄染或发绀；口腔干燥，有舌苔、口臭，肠蠕动减弱，个别病牛增强；排混有黏液的软泥状粪便，伴发轻度腹痛；体温正常，脉搏增至60~100次／分钟，呼吸急迫，流浆液黏液性鼻液，肺泡呼吸音粗厉，脉搏节律不齐；还伴有神经症状，盲目运动，冲撞乱跑等。

（二）防治

1.预防 禁止饲喂霉败的饲料。

2.治疗

（1）清理胃肠。内服0.5%～10%高锰酸钾溶液或0.1%～0.5%过氧化氢溶液；或用硫酸钠200~400克，配成5%溶液，加入酒精50毫升，鱼石脂10~30克，温水灌服；也可一次性静脉注射20%～50%硫代硫酸钠500毫升。同时内服牛奶、淀粉或鞣酸蛋白，以阻止霉菌毒素的吸收。

（2）防止继发感染。常内服黄连素等药物，连用3~5天。

（3）辅助疗法。如内服药用炭、鞣酸或次硝酸铋止泻。肌肉注射或静脉注射20%安钠咖注射液10~20毫升强心。为纠正酸中毒，静脉注射5%碳酸氢钠500~800毫升。

犊牛消化不良

关键技术

诊断：本病诊断的关键看病牛是否腹泻，粪便呈粥样、水样稀便，有时带有黏液和臭味。

防治： 本病防治的关键是改善卫生条件，加强护理，调节机体代谢，抑菌消炎，防止肠内发酵、酸中毒。

犊牛消化不良是犊牛胃肠消化机能障碍的统称，以消化机能障碍和不同程度的腹泻为特征，哺乳期犊牛易发。

（一）诊断要点

本病主要根据病牛病史、腹泻的临床症状及病牛肠道微生物群系的检查结果，即可做出诊断。

1.病因 用不全价饲料饲喂妊娠母牛，尤其是妊娠后期的母牛，因饲料中蛋白、维生素或矿物质缺乏而发病；对犊牛饲养、管理和护理不当；对单纯性消化不良治疗不及时或不当而引起的中毒性消化不良。

2.症状 犊牛消化不良的主要临床特征是腹泻。

（1）单纯性消化不良：病牛精神不振，喜躺卧，食欲减退或消失，体温一般正常或低于正常。腹泻，粪便的结构和颜色是多种多样的。开始时，多呈粥样稀便，以后则呈深黄色水便，有时呈黄色，也有时呈暗绿色的粥样粪便。

（2）中毒性消化不良：病牛精神沉郁，食欲废绝，体温升高。头颈伸直且向后仰，全身震颤，有时出现短时间的痉挛。严重腹泻，频排水样稀便，粪内含有大量黏液和血液，有恶臭气味。持续腹泻时，排粪失禁。

（二）防治

1.预防

（1）加强妊娠母牛的饲养管理。如增加营养（蛋白、脂肪、矿物质和维生素），改善卫生条件，每天给予不少于3小时的运动。

（2）注意对犊牛的保护。保证犊牛尽快吃到母乳；乳汁不足或质量较差时，采取人工哺乳；改善犊牛的卫生条件。

2.治疗 在改善母牛和犊牛的饲养管理（如保持牛舍温度稳定、干燥和清洁，给予易消化饲料）的同时，采取如下措施：

（1）施行饥饿疗法，以缓解对胃肠道的刺激。即对病牛禁食8～10小时，并给予生理盐酸水溶液（食盐5克，33%盐酸1克，凉开水1 000毫升）或温红茶水250毫升。

（2）若病牛腹泻不严重，应用油类或盐类缓泻剂，以排除胃肠内容物。同时给予人工初乳（鲜温牛乳1 000毫升，生理盐水10毫升，鱼肝油10～15毫升，鸡蛋3～5个），每次1 000毫升，每天5～6次。若持续腹泻，可内服鞣酸蛋白、次硝酸铋、颠茄酊。

（3）若为单纯性消化不良，内服酵母片、乳酶生或胃蛋白酶，以促进消化。

（4）选用恩诺沙星、阿米卡星等抗生素，以防止肠道感染。

（5）若肠道内容物腐败发酵，选用恩诺沙星、阿米卡星等抗生素的同时，适当选用乳酸、鱼石脂等药物。

（6）中药疗法。运用白苦汤、白龙散、黄金汤等。

牛腹膜炎

关键技术

诊断：本病诊断的关键看病牛是否具有腹痛、腹壁紧张的特征症状，表现为拱背而立，行走小心，有时表现呻吟。

防治：本病防治的关键是平时改善饲养管理。确诊后加强护理，给予易消化的饲料，调节机体代谢，抑菌消炎，防止炎性渗出和促进渗出物的吸收。

牛腹膜炎是牛腹膜的急性或慢性发炎，由于腹膜受到病原微生物的侵害而造成局限性或弥漫性炎症，表现为腹痛、腹壁紧张、内脏与腹膜粘连等症状。

（一）诊断要点

本病主要根据病牛的临床症状，了解病史，必要时作腹水检查，即可做出诊断。

1.病因　主要是继发于胃肠疾病和内脏器官的破裂。腹腔手术、腹腔穿刺、创伤性网胃炎等也可引起腹膜炎。各种急性传染病如炭疽、牛瘟等和慢性传染病的全身感染如结核等以及慢性肝脏病、腹膜肿瘤等均可伴发腹膜炎。

2.症状　牛腹膜炎多呈慢性经过，精神沉郁，眼球下陷，四肢集于腹下，拱背而立，行走小心，有时表现腹痛，呻吟，食欲减退，甚至废绝，逐渐消瘦，瘤胃蠕动停止并有轻度臌气，便秘。如在创伤性腹膜炎初期，体温升高。病程中腹膜常与腹腔脏器粘连，亦可继发腹水而下腹膨大。直肠检查：直肠中宿粪较多，黏膜粗糙，也可检出粘连和腹水，可感到腹壁紧张和肠管有浮动状，牵引时有疼痛。

（二）防治

1.预防 平时注意各种不良因素对牛的刺激。导尿、直肠检查、灌肠、去势、腹腔穿刺等操作要符合规定。及时治疗各种原发病。

2.治疗

（1）尽量让牛保持安静，给予易消化的饲料。

（2）由外伤引起的腹膜炎，对外伤进行及时处理，同时对腹壁进行冷敷。若有疼痛感时，皮下注射吗啡。

（3）为利于炎症消退，增强中枢神经系统保护性抑制作用，减少疼痛刺激，可向腹腔注射大剂量的抗生素。青霉素200万单位，链霉素200万单位，0.25%普鲁卡因溶液300毫升，5%葡萄糖溶液500～1 000毫升，使溶液温度保证在37℃，一次性向腹腔内注射。同时，肌肉注射硫酸卡那霉素、氟哌酸等抗生素或口服磺胺嘧啶等磺胺类药。

（4）对症治疗。若肠臌气，内服萨罗、鱼石脂；若有便秘，应用缓泻剂灌肠；若疼痛明显，肌肉注射安乃近或安痛定；若有大量渗出液时，用细套管针进行腹腔穿刺来排液，同时应用利尿素等药物排尿和安钠咖等强心。

（5）增强机体的抵抗力，一次性静脉注射10%氯化钙溶液100～150毫升，40%乌洛托品溶液20～30毫升，生理盐水1 500毫升。

牛腹水

关键技术

诊断： 本病诊断的关键是看病牛是否具有四肢下部浮肿，腹部下方、两侧对称性膨胀症状。触诊腹部不敏感，按压时可感到液体的波动。叩诊两侧腹壁呈对称性的水平浊音。

防治： 本病防治的关键是治疗原发病，强心利尿，防止炎性渗出，加强护理，改善饲养管理。

牛腹水不是一单独的疾病，而是某些疾病的症状。因大量浆液渗漏于腹腔，又称牛腹腔积水。

（一）诊断要点

本病主要根据病牛临床症状，结合触诊和腹腔穿刺的检查结果，即可做出诊断。

1.病因　常见于长期引起腹腔静脉淤血的疾病，如心脏、肺脏、肝脏、肾等脏器慢性病以及血液循环障碍，都可以伴发腹水。

2.症状　病牛食欲减少，被毛粗乱，便秘和下痢交互发生，排尿减少，黏膜苍白或发绀，心跳加快，体温正常，四肢下部浮肿，腹部下方、两侧对称性膨胀。触诊腹部不敏感，按压时可感到液体的波动。叩诊两侧腹壁呈对称性的水平浊音。腹部穿刺，有大量透明或稍浑浊呈淡黄、淡红或绿黄液体流出。

（二）鉴别诊断

1.妊娠　母牛妊娠后期向侧方隆起，触压腹壁，有胎动感。

2.牛腹膜炎　发热，全身症状明显，腹壁触诊有疼痛感，腹水密度大，李瓦塔氏试验呈阳性反应。

3.牛子宫积水或积脓　根据穿刺、腹壁触诊和叩诊、直肠和膣腔检查结果，即可确诊。

（三）防治

1.预防　及时治疗各种原发性疾病。定时应用活血化淤的中草药。

2.治疗

（1）消除病因。主要治疗引起腹水的肝硬变、心脏衰竭、肾脏功能不全等原发病。

（2）若为淤血性腹泻，运用安钠咖、洋地黄等药增强心脏功能和双氢克尿塞排尿，或静脉注射10%氯化钙溶液100～150毫升；若为稀血性腹水，消除病因的同时，增加营养，并使用强心剂和健胃剂。

（3）腹腔穿刺排出腹水。穿刺前，应用安钠咖等强心药。

牛急性实质性肝炎

关键技术 ────────────────

　　诊断：本病诊断的关键看病牛是否具有黄疸，消化不良，便秘或下痢，腹痛，浮肿，神经症状，叩诊肝浊音区扩大，触诊有疼痛表现。

　　防治：本病防治的关键是平时注意饲料质量，发病时加强护理。确诊后，静脉注射葡萄糖以保肝利胆，肌肉注射氢化考的松来抑制炎性反应。

────────────────

　　牛急性实质性肝炎是由传染性或中毒性因素侵害肝脏而引起的肝细胞炎症、变性和坏死，发生黄疸、消化机能障碍和一定神经症状的疾病。

（一）诊断要点

　　本病主要根据病牛特征性症状，结合肝区叩诊和触诊变化及血液检测结果，即可做出诊断。

　　1.病因　采食腐败、有毒植物或含有化学毒物的饲料。因发生某些疾病而继发或伴发本病。

　　2.症状　病的初期，消化不良，全身无力。体温上升至39.5℃以上，有的则正常。病程中精神沉郁，有的先兴奋，后昏睡，甚至昏迷。可视黏膜有不同程度的黄染，但有的黄疸不明显。脉搏徐缓，有的疾速。常有腹痛现象，初便秘，后下痢，间或便秘与下痢交替出现，臭味难闻，粪色发绿或淡褐色。叩诊，肝浊音区扩大；触诊时，病牛往往有疼痛表现。后躯无力，步态蹒跚，个别病例伴发关节疼痛或轻度咽炎。严重时，肝脏解毒机能降低，发生自体中毒，往往极度兴奋，共济失调，抽搐或痉挛。尿液变化，颜色发暗，有时似油状。

（二）鉴别诊断

　　1.牛肝硬变　通常都具有慢性胃肠炎、黄疸、肝脾综合征，逐渐消瘦发生腹水，病情发展缓慢。

　　2.牛血孢子虫病　稽留热，周期性发作，渐进性贫血，黄疸，红尿，红细胞内有血孢子虫。

3.牛急性胃肠卡他 黄疸轻微，无热证，肝区检查与肝功能试验，无变化。病情轻，经过治疗，易康复。

4.牛急性肝营养不良 与本病相似，但呈地方性流行，肝实质坏死，呈进行性黄疸，中枢神经系统严重紊乱。

（三）防治

1.预防 加强饲养管理，防止饲料中毒（如饲料腐败、含有毒植物和化学毒物）。给予富含蛋白质、维生素、易消化的饲料。

2.治疗

（1）尽量让牛保持安静，减少刺激和兴奋；禁用富含脂肪的饲料。

（2）保肝利胆。静脉注射25%葡萄糖溶液500～1 000毫升；或静脉注射5%葡萄糖溶液2 000～3 000毫升，5%维生素C 30毫升，5%维生素B$_1$10毫升，每天2次。若病情较重时，静脉注射2%肝泰乐溶液50～100毫升，内服适量人工盐，皮下注射氨甲酰胆碱或毛果芸香碱。

（3）清肠止酵。把300克硫酸钠或硫酸镁配成5%溶液，加鱼石脂10～20克后内服。

（4）肌肉注射氢化考的松来抑制炎性反应。

（5）若有出血性素质的现象，肌肉注射10%氯化钙溶液100～150毫升，可配合0.5%安络血5～10毫升或1%维生素K$_3$10～30毫升。

（6）中药疗法。运用茵陈汤。

牛支气管炎

关键技术

诊断： 本病诊断的关键看病牛是否具有咳嗽、流鼻液与不定热型为临床特征，在早晚或进食时，咳嗽呈连续性。胸部叩诊无变化。胸部听诊有异常。

防治： 本病防治的关键是平时做好通风，避免受寒受潮，消除病因，祛痰镇咳消炎。

牛支气管炎是支气管黏膜表层和深层的炎症，以咳嗽、流鼻液与不定热型为临床特征，多在早春和晚秋发生。

（一）诊断要点

本病主要根据病牛的发病史和临床特征，结合胸部叩诊和胸部听诊，即可做出初步诊断。

1.病因 因感冒引起的支气管炎或异物刺激气管黏膜而引起的炎症；某些疾病的继发或炎症的蔓延，如恶性卡他热、肺炎等。

2.症状 急性支气管炎病牛在病初表现为短、干并带有疼痛的咳嗽，3~4天后，疼痛减轻，常有湿咳，有时带出黏性痰液或灰白色脓性黏液，偶尔呈黄色。触诊喉头或气管，常诱发持续性咳嗽，咳嗽声音高朗。胸部叩诊无变化。胸部听诊，病初肺泡呼吸音增强，2~3天后，听到罗音。随病情发展，全身症状加重，精神委靡，食欲减退，易疲劳。体温升高1~2℃，呼吸急速。

患慢性支气管炎病牛表现为受应激刺激时，引起持续性咳嗽，尤其是在早晚或进食时，表现更为明显。无体温变化，但运动时易出现呼吸困难，并逐渐消瘦。肺部叩诊，无变化；听诊，先为湿罗音，后变为干罗音。

（二）鉴别诊断

1.牛急性支气管炎 病牛的病情严重，咳嗽，流鼻液，体温升高，中、小水泡音。

2.牛慢性支气管炎 经常咳嗽，尤其是在早晚或进食，常引起剧烈咳嗽，叩诊无变化。

3.牛支气管性肺炎 全身症状明显，弛张热，叩诊呈浊音，听诊肺泡音微弱，有时可听到捻发音。

4.牛肺水肿 发病突然，病程急速，并有泡沫状血样或淡黄色鼻液，叩诊呈过清音，肺界后移。

（三）防治

1.预防 加强耐寒锻炼，避免突然受到寒冷、风雨、潮湿的袭击。注意饲养管理，投喂易消化饲料，牛舍要通风良好，以保持空气新鲜。

2.治疗

（1）消除致病因素，减少对呼吸道黏膜的刺激。

（2）促进炎性渗出物的排出，采用来苏尔、薄荷脑等药物。若渗出物黏稠时，可用氯化铵10~25克，或吐酒石0.5~3克。

（3）止咳。可用20～50毫升复方樟脑酊，或复方甘草合剂100～150毫升。

（4）消炎药。肌肉或静脉注射10%磺胺嘧啶100～150毫升，或四环素5～10毫克／千克体重溶于5%葡萄糖或生理盐水500～1 000毫升进行静脉注射。

（5）抗过敏药物。溴樟脑3～5克或盐酸异丙嗪0.25～0.5克。

牛支气管性肺炎

关键技术

诊断： 本病诊断的关键看病牛是否具有短钝痛咳，一般无鼻液，呈弛张热，胸部听诊有捻发音、支气管呼吸音及干或湿性罗音和叩诊有浊音区。

防治： 本病防治的关键是平时加强管理，注意通风。确诊后止咳、消炎、制止渗出，促进渗出物的吸收，对症治疗。

牛支气管肺炎是指肺泡内充满有上皮细胞、血浆与白细胞组成卡他性炎性渗出物的炎症，以弛张热、呼吸次数增多为临床特征，又称牛小叶性肺炎。

（一）诊断要点

本病主要根据病牛的发病史和临床特征，结合胸部听诊，即可做出初步诊断。

1.病因 感冒、管理不当、卫生条件恶劣、物理或化学刺激等因素可诱发本病，也可继发于某些疾病，如流行性支气管炎引起。

2.症状 病牛通常是弛张热（有时为间歇热），比正常体温高1～2℃。呼吸困难，由病初的干性痛咳转为湿咳，有时因牛舔食鼻液，往往看不到鼻液，呼吸加快。听诊，在病灶部肺泡呼吸音减弱，可听到捻发音、支气管呼吸音及干或湿性罗音。叩诊，若病灶较浅，可发现浊音区。若患有急性支气管炎，病牛的全身症状明显，精神沉郁，食欲、反刍减少或停止，泌乳量降低。

（二）鉴别诊断

见牛支气管炎的鉴别诊断。

（三）防治

1.**预防**　在平时饲养管理时，注意通风，保证空气新鲜，给予营养丰富易消化的饲料，以增加机体的抵抗力。避免受寒冷、风、雨、潮湿等的袭击。

2.**治疗**

（1）除去病因，改善饲养管理。若病牛饮食减少，口服人工盐、健胃剂或稀盐酸与胃蛋白酶合用。

（2）根据牛鼻分泌物作药敏试验的结果，筛选药物，以抑菌消炎。

（3）祛痰止咳。常用氯化铵、复方樟脑酊等；若咳嗽剧烈并有痛苦表现时，可运用吗啡、可卡因；静脉注射10%氯化钙100～150毫升，1次／天；或一次性静脉注射10%安钠咖10～20毫升，10%水杨酸钠溶液100～150毫升和40%乌洛托品溶液60～100毫升，以制止渗出。

（4）对症治疗。病牛若心脏衰弱时，肌肉或静脉注射20%安钠咖10～20毫升或1.5%氧化樟脑注射液10～20毫升。若体温过高，可注射安乃近或安痛定。若呼吸困难时，静脉注射过氧化氢和复方氯化钠（1∶3）或过氧化氢和25%葡萄糖溶液（1∶3）的混合液1 000～1 500毫升。若并发脓肿毒血症时，一次性静脉注射10%磺胺嘧啶钠溶液100～150毫升，40%乌洛托品溶液100毫升，5%葡萄糖溶液50毫升，1次／天。

牛大叶性肺炎

关键技术

诊断：本病诊断的关键看病牛是否具有稽留热，气喘并发粗重痛咳，后为湿咳，流铁锈色或黄红色鼻液，肺部叩诊呈广泛浊音区的特征症状。

防治：本病防治的关键是改善营养加强护理，止咳、消炎、制止渗出，促进渗出物的吸收，对症治疗。

牛大叶性肺炎是指整个肺叶发生的急性纤维蛋白渗出的炎症过程，以高热稽留、肺部的广泛浊音区和病理的定性经过为特征。

（一）诊断要点

本病主要根据病牛的发病过程，高热稽留，铁锈色鼻液临床特征，结合胸部叩诊和听诊变化，即可做出初步诊断。

1.病因 感冒、吸入刺激性气体、外伤、管理不当、卫生条件恶劣等因素可诱发本病，也常继发于某些疾病如流行性支气管炎或由致敏物引起。

2.症状 病牛体温迅速升高到40～41℃，甚至更高，呈稽留热。呼吸急迫，呈混合性呼吸困难。黏膜充血、黄疸。气喘并发粗重痛咳，溶解吸收期为湿咳。肺肝变初期，流铁锈色或黄红色鼻液，渗出物含纤维蛋白。胸部叩诊，呈广泛的浊音区。肺部听诊，充血期为肺泡呼吸音增强，可听到捻发音、干罗音；后肺泡呼吸音减弱，变为罗音；肝变期，肺泡呼吸音消失，表现为支气管呼吸音；溶解期支气管呼吸音逐渐消失，又出现捻发音和罗音。伴有精神沉郁，食欲、反刍、嗳气减少或停止及全身症状。

（二）鉴别诊断

见牛支气管炎的鉴别诊断。

（三）防治

同牛支气管肺炎。

牛坏疽性肺炎

关键技术 ────────────────────────────

诊断： 本病诊断的关键看病牛是否具有呼出气体腐败恶臭，两侧鼻孔有污秽且恶臭的鼻液，其中含有小块肺组织和弹性纤维的临床特征。

防治： 本病防治的关键是平时不进行强制性经口投药。确诊后尽快排出异物，制止肺组织的腐败性分解，同时进行对症治疗。

牛坏疽性肺炎是指误食异物（如食物、药物等）或腐败细菌侵入肺脏，引起肺组织坏死和分解，以呼吸极度困难，两鼻孔流出脓性、腐败性和极为恶臭的鼻液为临床特征。

（一）诊断要点

本病主要根据病牛呼出气体气味和鼻液的性状，即可做出初步诊断。

1.病因 小块饲料、黏液、血液、脓液、呕吐物以及其他异物误入呼吸道，或当咽炎、咽麻痹等疾病引起吞咽动作障碍或病原微生物感染时，都可引起本病。

2.症状 初期，病牛呼出的气体带有腐败性恶臭，这种气味只有在病牛的附近或咳嗽之后才出现；后期在远处也能闻见。接着，两侧鼻孔流出有奇臭的污秽的鼻液。其色呈褐灰带红或淡绿色，在咳嗽或低头时，常常大量流出。把这些鼻液收集在无色玻璃容器内，可分为三层，上层为黏性、有泡沫的液体；中层是浆液性液体并含有絮状物；下层是脓液，含有很多大小不等的肺组织块。叩诊，初呈半浊音或浊音；后期呈鼓音或金属音；最后无明显变化。听诊，初期有支气管音和水泡音；后期有空瓮性呼吸音。体温升高，一般在40℃或以上，脉搏加快。

（二）防治

1.预防 对咽炎等引起吞咽障碍的疾病及时治疗。尽可能不经口强制性投药。

2.治疗

（1）迅速排除异物。站立时，确保病牛前高后低；横卧时，把后躯垫高，以便于异物的咳出。同时反复肌肉注射兴奋呼吸的药物如樟脑制剂，4～6小时1次。并及时皮下注射2%毛果芸香碱，或做气管低位切开。

（2）大剂量应用抗生素，以制止肺组织的腐败分解。

（3）防止自体中毒。静脉注射樟脑糖溶液（含0.4%樟脑、6%葡萄糖、30%酒精、0.7%氯化钠的灭菌混合液）200～250毫升，1次／天。

牛心力衰竭

关键技术 ————

诊断： 本病诊断的关键看病牛是否表现体表静脉怒张，全身出汗，呼吸高度困难，易于疲劳，胸部听诊有广泛的湿性罗音。

防治：本病防治的关键是平时加强管理，避免对心脏的刺激。病情较轻，适当休息，喂柔软易于消化富有营养的饲料即可恢复；严重者，还要进行对症治疗如强心、镇静。

牛心力衰竭是指心肌收缩力减弱或衰竭，使心脏排血量减少，动脉压降低，静脉回流受阻等而呈现全身血液循环障碍。

（一）诊断要点

本病主要根据病牛的临床症状，结合胸部和肺部叩诊和听诊变化，进行综合分析，即可做出诊断。

1.病因　继发于某些疾病，如传染性胸膜肺炎、胃肠炎、弓形体病等；病原微生物侵害心肌所致；能导致血液循环障碍的慢性疾病（如慢性肾炎）和心脏本身各种疾病。

2.症状　处于急性心力衰竭初期的病牛表现为精神沉郁，食欲不振，运动中易于疲劳、出汗、呼吸加快，肺泡呼吸音增强，可视黏膜轻度发绀，体表静脉怒张；心搏动亢盛，第一心音增强，脉搏细弱。若病情发展急剧时，精神极度沉郁，食欲废绝；黏膜高度发绀，体表静脉怒张，全身出汗，呼吸高度困难，发生肺水肿；胸部听诊有广泛的湿性罗音；两侧鼻孔流出大量无色细小泡沫状鼻液；心搏动增强，甚至震动胸壁或全身；第一心音极为高朗，常常带有金属音，而第二心音微弱；脉搏加快，伴发阵发性心动过速；脉搏细弱，不感于手，呈现不整脉；甚至发生眩晕，倒地痉挛，体温降低后，则多陷于死亡。

若为慢性心力衰竭，其病情发展缓慢，病程长达数周，甚至数年。除精神沉郁和食欲减退外，多不愿走动，易于疲劳、出汗。黏膜发绀，体表静脉怒张。垂皮、腹部和四肢下端水肿；触诊有捏粉样感觉，无热无痛。经一夜间驻立，腹下出现局限性水肿，适当运动后，水肿就会减轻或消失。心音减弱，经常出现机械性杂音和节律不齐，脉搏加快、微弱。心脏叩诊浊音界扩大。心力衰竭，特别是右心衰竭，静脉系统淤血。除发生胸、腹腔和心包腔积液外，还常常引起脑、胃肠、肝、肺和肾脏等实质器官的淤血，导致出现神经意识障碍、痉挛症状，发生便秘和下痢等慢性消化不良，黄疸，呼吸困难，尿量减少，尿色加深变稠，病牛逐渐消瘦。

（二）防治

1.预防 做好疫病的防治工作，避免心脏受损。如运用刺激性强的药物，应掌握剂量和速度。平时加强饲养管理，严防过度劳累。

2.治疗

（1）尽量让牛保持安静，减少刺激和兴奋，加强营养，改善管理。

（2）改善心脏功能。若为严重急性心力衰竭，静脉注射0.02%洋地黄毒甙注射液5～10毫升；若未见好转，静脉滴注0.1%肾上腺3～5毫升，配合25%～50%葡萄糖溶液500毫升；若心跳超过100次／分钟，肌肉注射复方喹宁注射液。若为急性或慢性心力衰竭，也可用安钠咖5～10克内服；肌肉或静脉注射20%安钠咖注射液10～20毫升。

（3）对症疗法。如静脉注射安溴合剂50～100毫升。若有水肿，使用速尿和双氢克尿塞。若呼吸困难，服用氨茶碱1～2克／千克体重。

（4）中药疗法。运用参附汤。

牛中暑

关键技术 ————————————

诊断： 本病诊断的关键看病牛是否具有突然步态不稳，神情恐惧，心力衰竭，静脉怒张，脉微欲绝，呼吸急促症状。尤其是体质虚弱的牛和炎热季节更常见。

防治： 本病防治的关键是平时防暑降温。确诊后及时将牛放到阴凉通风处，镇静安神，强心利尿，缓解酸中毒。

————————————

牛中暑是外界环境中的光、热、湿度等物理因素对牛体的侵害，导致体温调节功能障碍的一系列病理现象，常见的有日射病、热射病及热痉挛。本病在炎热季节中较为多见，病情发展急剧，甚至迅速死亡。

（一）诊断要点

本病主要根据病牛表现的临床特征，结合发病季节，进行综合分析，即可做出初步诊断。

1.病因 饲养管理不当，长期休闲，缺少运动或调教锻炼，体质虚弱；因暑天炎热，出汗过多，饮水不足；或因牛舍狭小，通风不良，潮湿闷热等。

2.症状

（1）牛日射病：牛在炎热季节中，头部受到阳光直射时，引起脑及脑膜充血和脑实质的急性病变，导致中枢神经系统机能严重障碍现象。发病初期，精神沉郁，有时眩晕，四肢无力，步态不稳，共济失调，突然倒地，四肢作游泳样运动，目光狰恶，眼球突出，神情恐惧，有时全身出汗。病情发展急剧，心血管运动中枢、呼吸中枢、体温调节中枢的机能紊乱，甚至麻痹；心力衰竭，静脉怒张，脉微欲绝；呼吸急促，节律失调，形成毕欧氏或陈一施式呼吸现象；有的体温升高，皮肤干燥，汗液分泌减少或无汗；瞳孔初散大，后缩小，兴奋发作，狂暴不安；有的突然全身性麻痹，皮肤、角膜、肛门反射减退或消失，腿反射亢进；常常发生剧烈的痉挛或抽搐，迅速死亡。

（2）牛热射病：牛在炎热季节潮湿闷热的环境中，新陈代谢旺盛，产热多，散热少，体内积热，引起严重的中枢神经系统功能紊乱现象。表现为体温急剧上升，甚至达到42～44℃。皮温升高，直肠内温度灼手，全身出汗。特别是在潮湿闷热环境中运动时，突然停步不前，驱赶不动。剧烈喘息，晕颠倒地，状似电击。继而卧地不起，头颈贴地，神志昏迷，或痉挛、颤栗。

（3）牛热痉挛：因大量出汗，水盐损失过多，可引起肌肉痉挛性收缩。表现为牛体温正常，神志清醒，但引人注目的是全身出汗、烦渴、喜饮水、肌肉痉挛，导致阵发性剧烈疼痛的现象。由于牛脑及脑膜充血和急性脑水肿，也具有明显的一般脑症状。虽然多数病例，精神抑郁，站立不稳，卧地不起，陷于昏迷。但也有的神志混乱，精神兴奋，狂暴不已，癫狂冲撞，难于控制。随着病情急剧变化，心力衰竭，心律不齐，脉搏疾速而微弱，血液循环障碍，静脉淤血，黏膜发绀。并因伴发肺充血和肺水肿，张口伸舌，呼吸困难，有时口、鼻喷出粉红色泡沫。病的后期，发生脱水，汗液分泌迅速停止，皮肤干燥，尿量减少或无尿；呼吸浅表、间歇，极度困难。濒于死亡前，体温下降，静脉塌陷，昏迷不醒，陷于窒息和心脏麻痹状态。

（二）防治

1.预防 炎热季节，避免阳光直射，保证牛舍通风，供给充足饮水。

同时注意补充食盐。

2.治疗

（1）迅速降温：将病牛移至阴凉通风处，用冷水或冰块冷敷；或用1%～2%凉盐水灌肠。必要时，静脉放血1 000～2 000毫升，并用复方氯化钠降温。也可按1～2毫克／千克体重肌肉注射氯丙嗪，以促进散热，缓解肌肉痉挛。或可使用复方氨基比啉降温。

（2）对症治疗：若有神经症状，静脉注射安溴合剂。同时使用甘露醇、山梨醇降低颅内压。若有心力衰竭，内服安钠咖5～10克；肌肉或静脉注射20%安钠咖注射液10～20毫升；或静脉滴注0.1%肾上腺3～5毫升，配合25%～50%葡萄糖注射液500毫升。

（3）纠正酸中毒：静脉注射5%碳酸氢钠500～800毫升。

牛尿结石症

关键技术

诊断： 本病诊断的关键看病牛是否具有排尿障碍、肾性腹痛、排血尿的临床症状。

防治： 本病防治的关键是平时保持适当的钙磷比例，增加饮水。确诊后，轻症时，饲喂流体饲料，大量饮水，投予利尿剂。严重者需进行切开术。

牛尿结石症是指尿路中盐类结晶的凝结物，刺激尿路黏膜而引起出血、炎症和阻塞的一种泌尿器官疾病。

（一）诊断要点

本病主要根据病牛的临床症状，尤其是排尿症状、尿液的变化，结合牛的尿道和直肠检查，进行综合分析，即可做出初步诊断。

1.病因

（1）长期饲喂大量马铃薯、甜菜、萝卜等块根类饲料或含硅酸盐较多的酒糟，或是单纯饲喂富磷的麸皮、谷类等精饲料，以及饮水中含钙量较高或长期饮水不足。

（2）饲料中维生素A或胡萝卜含量不足或缺乏时，可引起中枢神经系统机能紊乱，导致盐类形成的调节机能障碍。

（3）肾及尿道感染疾病时，特别是肾脏的炎症，导致盐类晶体易于沉淀而形成结石。甲状旁腺机能亢进，特别是甲状旁腺激素分泌过多时，亦可促进尿结石的形成。

2.症状 若结石的体积小且数量较少时，牛一般无症状；但尿结石体积较大时，则呈现明显的临床症状，主要是排尿障碍、肾性腹痛和血尿。

若结石位于肾盂时，多呈肾盂炎症状，并见有血尿。严重时，形成肾盂积水。肾区疼痛，运步强拘，步态紧张。尿结石移行至输尿管而刺激其黏膜或阻塞输尿管时，表现剧烈的疼痛不安；一侧输尿管阻塞时，不见有尿闭现象。直肠内触诊，可发现在阻塞部的近肾端的输尿管显著紧张且膨胀，而远端是正常柔软的感觉。

若尿结石位于膀胱腔时，有时并不呈现任何症状，但大多数病牛表现有频尿或血尿，敏感性增高。尿结石位于膀胱颈部时，可呈现明显的疼痛和排尿障碍。病牛总是表现排尿动作，但尿量较少或无尿排出。病牛呻吟，腹壁抽缩。尿道不完全阻塞时，病牛排尿痛苦且排尿时间变长，尿液呈断续或点滴状流出，有时排出血尿。当尿道完全阻塞时，则呈现尿闭或肾性腹痛现象。病牛后肢屈曲叉开，拱背缩腹，频频举尾，屡呈排尿动作，但无尿排出。尿道探诊时，可触及尿结石所在部位，尿道外部触诊时有疼痛感。直肠内触诊时，膀胱胀满，体积增大，富弹性感，按压膀胱也不能使尿排出。长期的尿闭，可引起尿毒症或发生膀胱破裂。

（二）防治

1.预防 注意饲料中钙磷比例平衡，补充维生素A和增加青绿饲料，供给充足的饮水和适量的食盐。若为舍内饲养，需添加适量的氯化铵。若使用棉子饼，需添加少量的丙酮。及时治疗泌尿器官疾病。

2.治疗

（1）尽早排除发病因素，同时改喂矿物质少而富含维生素A的饲料，并注意消炎。

（2）若有较小的尿结石，供给充足饮水并加入利尿剂。同时调节尿液pH值，若尿液呈碱性，内服氯化铵；若尿液呈酸性，内服碳酸氢钠或柠檬酸钠。也可使用尿道肌肉松弛剂如皮下注射阿托品。

（3）中药疗法，可用消食散。

（4）手术疗法。

牛湿疹

关键技术

　　诊断：本病诊断的关键看病牛皮肤是否形成红斑、丘疹、水疱、脓疱、糜烂、结痂，并伴发热、痛、痒症状。

　　防治：本病防治的关键是平时保证牛舍通风，保持皮肤干燥、清洁。发病后，清洗患处，并涂抹药物。

　　牛湿疹是致敏物引起皮肤表皮和真皮的过敏性炎症反应。患部形成红斑、丘疹、水疱、脓疱、糜烂、结痂，并伴发热、痛、痒症状为特征，一般多发生在春夏季节。

（一）诊断要点

　　本病主要根据病牛皮肤特异性变化和比较明显的临床症状，即可做出初步诊断。

　　1.病因　牛舍卫生条件较差（尤其是潮湿和昆虫叮咬）；饲料营养不全（如缺乏维生素）或含有致敏性物质及投药不正确（如用具有强烈刺激的药物涂擦皮肤）；继发于某些疾病。

　　2.症状　牛急性湿疹表现为多数牛的患病部位发生在前额、颈部、尾根，开始皮肤稍红、发热，继而形成小圆形水疱，小的如针尖，大的如蚕豆，以后破裂，有的因化脓而形成脓包。患部奇痒而摩擦，使皮肤脱毛、出血，病变范围逐渐扩大。慢性湿疹，通常是由急性泛发性湿疹转变而来，或为再发性湿疹。由于病变部位发生奇痒，常常摩擦，皮肤变厚，粗糙或形成裂创，并有血痕。

（二）鉴别诊断

　　1.牛疥螨病　瘙痒显著，患部刮削镜检时，可发现疥螨虫体。

2.牛霉菌性皮炎 除具有传染性外，易查出霉菌孢子。

（三）防治

1.预防 保持皮肤干燥、清洁，保证牛舍通风良好和日光浴。避免强刺激性药物对机体产生影响。

2.治疗

（1）在用药前，用1%～2%鞣酸或3%硼酸溶液彻底清除皮肤的污垢、汗液、结痂、分泌物等。

（2）根据湿疹的不同时期，酌情用药。若为红斑性丘疹性湿疹，宜涂布等量混合的胡麻油和石灰水。若为水疱性、脓疱性、糜烂性湿疹，先剪去被毛，再按上述方法清洗患部，然后涂布3%～5%龙胆紫、5%美蓝溶液或2%硝酸银溶液；或撒布（1：1）氧化锌滑石粉或（1：9）磺仿鞣酸粉，待渗出物减少时，涂布氧化锌或水杨酸氧化锌软膏。

（4）脱敏。常肌肉注射苯海拉明0.1～0.2克。若有剧痒不安时，用1%～2%石炭酸溶液涂于患部。

牛荨麻疹

关键技术

诊断： 本病诊断的关键看病牛是否具有发病突然，在头、颈、胸侧和生殖器等处形成扁平疹块和水肿性肿胀的特征。

防治： 本病防治的关键是平时加强饲养管理。确诊后及时除去病因，使用抗过敏药物，及时清洗患处。

牛荨麻疹是牛受体内外因素刺激所引起的一种过敏性疾病，又称牛风疹块，其特征是在牛皮肤很快形成大量的圆形或扁形的疹块，消失较快，并伴有皮肤瘙痒。

（一）诊断要点

本病诊断主要根据病牛的临床症状，尤其是皮肤的特异性变化，结合病因，即可做出初步诊断。

1.**病因**

（1）各种刺激因素反射的引起皮肤血管运动神经的机能障碍，而发生本病。如吸血昆虫的刺激；采食有毒的饲料；外擦药物的刺激如松节油、石炭酸等；牛在发汗之后，突然遭受风寒的侵袭等。

（2）某些疾病如牛胃肠炎、牛便秘、牛蛔虫病经过时所产生的有毒物质被吸收引起本病。

2.**症状**　初期牛头、颈部两侧、肩、背和臀部皮肤上突然发生疹块，呈扁平或半球形的蚕豆大甚至核桃大小不等，周围呈堤状肿胀，被毛直立。疹块往往互相融合，形成较大的疹块。有的在疹块的顶端发生浆液性水疱并逐渐破溃，以致结痂。因患部剧痒，发生摩擦或舔咬，皮肤常有擦破和脱毛。有时牛表现体温升高，精神沉郁，食欲减退，消化不良等症状。

（二）鉴别诊断

1.**牛荨麻疹**　病变仅限于皮肤本身。

2.**血管神经性水肿**　除多见于口唇和眼睑等局限性水肿外，还波及皮下组织，呈现明显而柔软的较大隆起。

（三）防治

1.**预防**　保持皮肤干燥、清洁，及时杀灭牛舍的昆虫。禁喂霉败和有毒饲料。

2.**治疗**

（1）尽早排除发病因素：如更换饲料，或用硫酸钠200～400克，配成5%溶液，加入酒精50毫升，鱼石脂10～30克，温水灌服，以清理胃肠毒物。

（2）脱敏：若出现奇痒不安，静脉注射0.25%～0.5%普鲁卡因100～150毫升或扑尔敏60～100毫克；若防止血管渗出，降低敏感性，可皮下注射0.1%肾上腺3～5毫升，1～2次/天。

（3）用水洗涤皮肤，再用1%醋酸溶液或2%酒精涂擦，也可应用水杨酸合剂（水杨酸0.5克、甘油250毫升、石炭酸2毫升、酒精500毫升合剂）。

牛酮病

关键技术

　　诊断：本病诊断的关键看病牛是否吃粗料而不吃精料，呼出气体、排出的尿、奶是否具有类似烂水果味，尤其是高产、经产牛易发本病。

　　防治：本病防治的关键是平时注意饲料营养平衡，加强运动。确诊后及时调整日粮，补糖，解除酸中毒。

　　牛酮病是由于血糖不足而导致脂肪代谢障碍的疾病，以大量酮体的蓄积，呈现酮血、酮尿、酮乳，呼出气体、排出的尿、奶类似烂水果味为特征。本病多发生于高产奶牛。

（一）诊断要点

　　本病诊断主要根据病牛临床症状，结合本病易发病因，即可确诊。

　　1.病因　饲喂高蛋白质和高脂肪的饲料过多而碳水化合物饲料不足；牛运动不足，前胃机能减退；泌乳量大，也可促进本病发生。

　　2.症状　本病常发生于分娩后8～17天。病初奶牛出现反复无常的消化紊乱，食欲不振及反刍减少，厌食精料，喜食干草及污染饲草。瘤胃蠕动音减弱或消失，粪便干燥或腹泻，其味恶臭，产奶量急剧下降。病牛初期兴奋，听觉敏锐，眼神凶恶，眼球震颤，不随意运动，横冲直撞，狂躁不安。后期则出现抑制，步态踉跄，后肢轻瘫，不能站立，卧地不起，甚至处于昏迷状态。病牛呼出气和皮肤散发酮味（如同烂水果味），血液、尿液及乳汁中酮体增多，血糖降低。

（二）防治

　　1.预防　对干奶期和泌乳期的牛加强管理，在高蛋白饲料中加入可溶性糖。降低干奶期过肥牛的日粮标准，干草和草粉的比例不低于30%，青贮饲料不低于30%，精料不高于30%。

　　2.治疗

　　（1）调整日粮：减少蛋白和脂肪量，增加干草和草粉、青贮饲料和块根饲料，并增加运动。

（2）补糖：静脉注射25%～50%葡萄糖溶液500～1 000毫升，可配合维生素，效果更好。肌肉注射胰岛素100～200单位。也可应用氢化可的松、醋酸可的松促进糖异生。

（3）解除酸中毒：静脉注射5%碳酸氢钠溶液500～1 000毫升。

（4）辅助疗法：静脉注射5%氯化钠溶液300～500毫升。同时根据病情，选用瘤胃兴奋剂、缓泻剂和强心剂。

牛青草抽搐

关键技术

诊断：本病诊断的关键看病牛是否具有临床上以抽搐性、痉挛性收缩为神经特征的症状，是否以采食青草或放牧为主。

防治：给喂青草时，及时补充镁。发病后，若有神经症状，补镁时需使用镇静剂。

牛青草抽搐是因饲料中缺镁或镁的含量过低引起的疾病。本病多发于采食青嫩饲料时，产后2～3个月泌乳盛期的高产奶牛表现更为明显。

（一）诊断要点

本病诊断主要根据病牛的临床症状，结合采食青草或放牧状况，即可做出诊断。

1.病因 含非蛋白氮多的青草被牛采食后，在瘤胃中产生较多的氨，与镁形成不易被吸收的物质。饲料中钠含量不足，导致体内钠的不足，可促进镁的缺乏。饲料中可溶性糖和粗纤维不足、磷过高、饥饿寒冷刺激等因素都可促进本病的发生。

2.症状 急性病例表现为牛兴奋不安，突然倒地，头颈弯曲，牙关禁闭，口吐白沫，瞬膜外突，心动过速，阵发性和强直性痉挛，粪尿失禁，很快死亡。慢性病例表现为牛行动缓慢，以后倒地。

（二）防治

1.预防 饲喂青嫩饲草或放牧时，定期检测血液镁含量，及时补充镁。在牧草地喷硫酸镁，一般按每公顷20～30千克溶于90千克水中喷洒。

2.治疗 加强护理，及时静脉注射25%硫酸镁50～100毫升，10%氯化钙200～300毫升。病情严重者，配合镇静药物。

三、牛的中毒疾病

牛棉子饼中毒

关键技术

诊断： 本病诊断的关键看病牛是否具有血便、血尿、水肿的临床症状，是否有采食棉子饼病史。

防治： 防治本病关键是对棉子饼进行脱毒处理，限量饲喂，发现中毒病例及时治疗。

牛棉子饼中毒是因牛大量或长期饲喂未经脱酚或调制不当的棉子饼所引起中毒性疾病。犊牛易发本病。

（一）诊断要点

本病主要根据病牛临床症状，结合有无采食棉子饼，不难做出诊断。

1.病因 长期饲喂未经脱酚或调制不当的棉子饼，饲喂过量棉子饼。

2.症状 急性病牛表现出血性肠炎。慢性病牛多见，表现为食欲减退，反刍减少，体重下降。瘤胃蠕动减弱或消失，先便秘后拉稀，粪中混有黏液或血液。视觉障碍，小牛可能失明。母牛死胎、不孕和流产等。体温无变化，呼吸加快，脉搏疾速，贫血，排尿频繁带痛，排血尿或血红蛋白尿。下颌间隙、颈部、胸腹下部和四肢往往出现水肿，有的病牛出现口鼻出血症状。听诊胸部有广泛性湿罗音。最终衰竭而死亡。

（二）防治

1.预防 一般牛喂棉子饼量不超过15 000克／天，妊娠母牛、幼牛最好不用。一般用0.1%～0.2%硫酸亚铁、1%氢氧化钠或2%熟石灰浸泡24小时进行脱毒。榨油时最好经过蒸、炒。增加饲料中蛋白、维生素、矿物质和青绿饲料的含量。

（2）治疗

（1）消除病因：先停喂棉子饼，禁食2～3天，再喂易消化、营养丰富的饲料如青草，并供给充足饮水。

（2）破坏毒素，加快排除：用0.04%高锰酸钾洗胃或5%碳酸氢钠灌肠洗胃。若胃肠内容物较多，胃肠炎不严重时，内服硫酸镁泻剂；若有胃肠炎，磺胺脒60克，鞣酸蛋白25克，活性炭100克，对水500～1 000毫升，一次性内服。

（3）阻止渗出，增强心脏功能，补充营养和解毒：一次性静脉注射5%葡萄糖溶液300～500毫升，10%氯化钙溶液100～200毫升，20%安钠咖溶液10～20毫升。

牛亚硝酸盐中毒

关键技术

诊断：本病诊断的关键看病牛是否突然具有神经症状，呼吸困难，血液凝固不良的临床症状，了解病牛是否采食青绿饲料。

防治：防治本病关键是不喂长时间堆放或腐烂的青饲料。发病后，静脉注射特效解毒药美蓝，并进行对症治疗。

牛亚硝酸盐中毒是因牛瘤胃中含有大量的亚硝酸盐，表现为高铁血红蛋白症。临床上以呼吸困难，可视黏膜发绀，血液凝固不良等症状为特征。

（一）诊断要点

本病主要根据病牛临床症状，结合病史，不难做出诊断。

1.病因 含有硝酸盐的青绿植物如青草、作物秧贮存或调制不当或采食后在瘤胃潴留时间过长，均可被还原成有剧毒的亚硝酸盐，从而导致牛中毒。

2.症状 大部分牛在采食后5小时左右，突然全身痉挛，病牛精神沉郁，流涎，口吐白沫，腹痛，腹泻，体温下降，耳、鼻、四肢乃至全身冰凉。可视黏膜发绀，张口呼吸，心跳疾速，站立不稳，抽搐而窒息。剖检可见血液稀薄、凝固不良呈酱油色，气管内大量泡沫样液体，肺水肿，心脏淤血，心肌变性，胃黏膜脱落、充血、出血。

（二）防治

1.预防 青饲料不应长时间堆放，最好新鲜生喂并搭配一定量的碳水化合物，不喂腐烂青饲料。

2.治疗

（1）及时更换饲料。

（2）静脉注射特效解毒药美蓝，按每千克体重10毫克；或肌肉、静脉、腹腔注射甲苯胺蓝按每千克体重5毫克；或肌肉注射5%维生素C 60～100毫升和静脉注射50%葡萄糖300～500毫升。病情严重时，解毒药加倍。若用药后症状不见好转时，在1～2小时后重复应用。

（3）配合强心、兴奋呼吸、补液等对症和支持疗法。

牛菜子饼中毒

关键技术

诊断：本病诊断的关键看病牛是否出现大便干或干稀交替出现，全身水肿，尿色发红，贫血，呼吸困难的临床特征，且有采食菜子饼病史。

防治：防治本病关键是使用前脱毒，并限量。发病后，及时更换饲料，进行对症治疗。

牛菜子饼中毒是因牛采食大量的菜子饼所引起的一种中毒性疾病。

（一）诊断要点

本病主要根据病牛临床症状，结合病牛有无采食菜子饼，不难做出诊断。

1.**病因**　菜子饼中含有芥子碱等有毒物质。

2.**症状**　菜子饼中毒呈急性经过，表现精神沉郁，食欲下降，体重减轻，站立不稳。顽固的前胃弛缓，大便干或干稀交替出现，全身水肿，尿色发红，贫血，呼吸困难，视力障碍，小牛可能瞎眼，母牛死胎、不孕和流产等。

（二）防治

1.**预防**　应严格掌握饲喂量，不单独使用，母牛、犊牛最好不用。使用前彻底脱毒。常用的消毒方法是：

（1）坑埋法：将菜子饼与水按1∶1混匀，在土坑中埋藏30～60天。

（2）水浸法：将菜子饼用温水浸泡数小时，滤去水后再换水1～2次。

（3）碱处理法：将菜子饼粉碎后，然后用10%碳酸氢钠喷洒，使其湿润。

2.**治疗**　本病治疗无特效药物。尽快停喂菜子饼，用0.1%高锰酸钾溶液自由饮用；灌服0.1%高锰酸钾溶液、牛奶或蛋清，并给予对症治疗。

牛瘤胃酸中毒

关键技术

诊断：本病诊断的关键看病牛是否突然发病，口腔黏膜发红，尿少，粪稀，且具有酸味，瘤胃触诊有拍水音，且有过量采食富含淀粉饲料病史。

防治：防治本病关键是平时限量使用富含淀粉饲料。发病后，冲洗瘤胃，防止酸中毒，对症治疗。

牛瘤胃酸中毒是因为采食大量富含淀粉的饲料而引起瘤胃内微生物区系发生变化，形成大量乳酸，临床上以食欲、瘤胃蠕动、胃液pH值降低，血浆二氧化碳结合力降低，但瘤胃渗透压增高，导致机体脱水为特征。奶牛较为常发，其病情发展快，死亡率高。

（一）诊断要点

本病主要根据病牛临床症状，结合病牛有无过量采食富含淀粉的饲料，即可做出诊断。

1.**病因**　长期过量饲喂块根类（如胡萝卜、马铃薯等）及酸度过高的青贮饲料。突然采食大量谷物饲料，如玉米、小麦，特别是粉碎过细的谷物，淀粉在瘤胃内高度发酵产生大量乳酸而引起中毒。

2.症状 最急性病例、急性病例于采食后一天或两天发病，病牛突然不安，腹痛，并有神经症状，发呆、磨牙、肌肉震颤。心跳、呼吸开始加快，口腔黏膜发红，酸味明显。眼球下陷，皮肤干燥，尿少，粪稀，具酸臭味。瘤胃积液，蠕动无力，瘤胃触诊有拍水音。

（二）防治

1.预防 投喂浓厚饲料时，要有一个适应过程。粗饲料不足时，尤其是阴雨天，应控制饲喂量。

2.治疗

（1）抑制瘤胃产酸：更换饲料的同时，用1%碳酸氢钠和1%氯化钠反复洗胃，直到胃内容物为碱性。

（2）解除酸中毒：静脉注射5%碳酸氢钠500～1 000毫升。

（3）及时补液：静脉注射5%糖盐水、复方氯化钠、生理盐水3 000～5 000毫升，每天2次。

（4）兴奋瘤胃机能：皮下注射新斯的明10～20毫克，毛果芸香碱30～50毫克。

（5）运用强心剂，缓解神经症状：静脉注射10%安钠咖20毫升；20%甘露醇或山梨醇500～1 000毫升。

（6）瘤胃切开治疗。

牛氢氰酸中毒

关键技术

　　诊断：本病诊断的关键看病牛是否具有突然腹痛不安，呼吸困难，后肢麻痹，抽搐，很快死亡。剖检可见血液鲜红色，凝固不良，瘤胃内有采食大量富含氰甙的植物饲料。

　　防治：本病防治的关键是限制饲喂量。及时更换饲料，立即静脉注射亚硫酸钠。

牛氢氰酸中毒是由于牛采食富含氰甙的植物，经胃内酶的水解，在酸性条件下游离易被吸收而发生中毒，临床表现以呼吸困难、震颤、惊厥为特征的组织中毒性缺氧症。

（一）诊断要点

本病主要根据病牛临床症状，结合病牛有无采食大量富含氰甙的植物饲料，即可做出诊断。

1.病因 牛采食富含氰甙的饲料如玉米、高粱的幼苗，尤其是其二茬苗易引起牛中毒。误食含氰甙较高的杏仁、白果、木薯、亚麻仁，也易发生中毒。误食含氰农药或工厂废水而发病。

2.症状 多数采食后15～20分钟发病，表现腹痛不安，呼吸加快、困难，黏膜发红。流出白色泡沫状液体，肌肉痉挛，站立不稳，后肢麻痹，抽搐，很快死亡。剖检可见血液鲜红色，凝固不良，组织器官浆膜出血，瘤胃内容物苦杏仁味，气管内充满粉红色泡沫样液体。

（二）防治

1.预防 限制富含氰甙的植物饲喂量和不在含氰甙的植物的场地放牧。严防误食含氰农药。含氰甙的饲料最好放于流水中浸泡24小时。

2.治疗

（1）及时更换饲料，立即静脉注射5%亚硫酸钠40毫升；接着再注射5%硫代硫酸钠300毫升，或亚硫酸钠3克，硫代硫酸钠15克，蒸馏水200毫升。

（2）配合应用强心剂、补液等对症和支持疗法。

牛马铃薯中毒

关键技术

诊断：本病诊断的关键看病牛是否具有腹胀，腹痛，腹泻，便血，皮肤发生湿疹或水疱性皮炎，有神经和呼吸困难的临床症状，且采食大量马铃薯。

防治：本病防治的关键是限制饲喂量。发病后，及时更换饲料，清理胃肠，对症治疗。

牛马铃薯中毒是因牛采食大量的马铃薯外皮、幼芽及嫩绿茎叶引起的中毒性疾病。

（一）诊断要点

本病主要根据病牛临床症状，结合病牛有无采食大量马铃薯，不难做出诊断。

1.病因 马铃薯的外皮、幼芽及嫩绿茎叶中含有龙葵素，可引起中毒。

2.症状 轻度中毒：病牛流涎，呕吐，腹胀，腹痛，腹泻，便血，口唇周围、肛门、阴道、乳房、四肢、尾根等部皮肤发生湿疹或水泡性皮炎。重度中毒：病牛兴奋不安，向前冲撞，继而沉郁，后躯无力，运动失调，站立不稳，运步摇摆，黏膜发绀，呼吸浅表无力，心力衰竭，很快死亡。

（二）防治

1.预防 不喂发芽、腐烂或带绿皮的马铃薯或削去胚芽、腐烂部分，煮后与其他优质饲料搭配饲喂。

2.治疗

（1）及时更换饲料。

（2）加快胃肠内容物的排出。用0.5%高锰酸钾液或0.5%鞣酸洗胃，然后灌服盐类或油类泻剂。

（3）若病牛兴奋不安时，灌服溴化钠15～50克；静脉注射10%溴化钠50～100毫升；肌肉或静脉注射2.5%盐酸氯丙嗪10毫升；肌肉或静脉注射硫酸镁注射液50～100毫升。

（4）若有胃肠炎，灌服1%鞣酸500～1 000毫升。

（5）若有皮炎时，可按湿疹治疗。

（6）病情严重时，给以高渗糖、强心剂、利尿剂。

牛黄曲霉菌毒素中毒

关键技术

诊断：本病诊断的关键看病牛是否有间歇性腹泻，逐渐消瘦，角膜混浊的临床症状，且有采食被黄曲霉菌污染的饲料的病史。

防治：本病防治的关键是平时注意保持饲料不发霉。发病后，及时更换饲料，清理胃肠，对症治疗。

牛黄曲霉菌毒素中毒是牛采食被黄曲霉菌污染的农作物和副产品及其饲料所引起的中毒性疾病。

（一）诊断要点

本病主要根据病牛的临床症状，结合病史，不难做出诊断。

1.病因 农作物和副产品及饲料被黄曲霉菌污染后，含有毒性较强的黄曲霉毒素。

2.症状 以犊牛易发，多呈慢性经过。病牛精神沉郁，厌食，继而消瘦，一侧或两侧角膜浑浊。出现腹水、间歇性腹泻，反刍紊乱甚至停止。泌乳量减少或停止。孕牛有时发生流产，个别病牛呈中枢神经兴奋症状，突然作转圈运动，最后昏厥、死亡。剖检有消化道炎症。慢性中毒肝呈纤维化；急性中毒肝表现为质脆、肿大色变浅，有出血斑。

（二）防治

1.预防

（1）饲料原料如花生、玉米在存放前充分晾晒，不存放在阴暗潮湿处，以防发霉。

（2）废弃发霉严重的饲料；对轻度发霉的饲料，用水充分洗涤后，与其他饲料配合使用。

（3）对已污染的场所，用福尔马林、高锰酸钾熏蒸（每立方米空间福尔马林25毫升、高锰酸钾25克、水12.5毫升）。

2.治疗 治疗本病尚无特效药物。一旦发病，及时停喂发霉饲料。

（1）一次性静脉注射5%葡萄糖溶液300～500毫升，10%氯化钙溶液100～200毫升，20%安钠咖10～20毫升，1～2次/天。

（2）灌服硫酸镁加速毒物排出。

牛黑斑病甘薯中毒

关键技术

诊断： 本病诊断的关键看病牛是否具有呼吸困难，粪便干硬色暗，附有黏液和血液，胸部听诊可听到程度不同的各种罗音，皮下气肿的临床症状，且有采食被真菌污染的甘薯的病史。

防治：本病防治的关键是禁止饲喂被真菌污染的甘薯。发病后，清理胃肠，对症治疗。

牛黑斑病甘薯中毒是因牛采食被真菌污染的甘薯所引起的中毒性疾病。

（一）诊断要点

本病主要根据病牛的临床症状，结合病牛有无采食被真菌污染的甘薯，不难做出诊断。

1.病因　牛吞食了被真菌污染的甘薯。

2.症状　初期病牛精神沉郁，食欲减退，反刍减少。继而食欲废绝，反刍停止，瘤胃蠕动音减弱，内容物黏硬，粪便干硬色暗，附有黏液和血液。主要特征是呼吸困难，呼吸浅表疾速，头颈伸展，眼球突出，鼻翼扇动，张口喘气。胸部听诊可听到不同程度的各种罗音。肩部、颈部、背部甚至全身皮下气肿，触之呈捻发音。严重者2～3天死亡。

（二）防治

1.预防　禁止用黑斑病甘薯及其副产品饲喂牛。

2.治疗　治疗本病尚无特效药物。

（1）病初用1%高锰酸钾洗胃或1%过氧化氢灌肠，以加速毒物排出。

（2）静脉注射10%硫代硫酸钠250～500毫升，维生素C 3克，以缓解呼吸困难；若有肺水肿，一次性静脉注射50%葡萄糖溶液500毫升，10%氯化钙溶液100毫升，20%安钠咖10毫升。

（3）若有酸中毒时，一次性静脉注射5%碳酸氢钠250～500毫升；或一次性皮下注射胰岛素溶液150～300单位。

牛有机磷农药中毒

关键技术

诊断：本病诊断的关键看病牛是否突然具有中枢神经和胆碱能神经过度兴奋的症状，且误食或偷食含有有机磷农药的饲料和饮水。

防治：本病防治的关键是防止误食或偷食有机磷农药。发生中毒病后及时肌肉或静脉注射硫酸阿托品、解磷啶、双复磷，严重者进行补液保肝。

牛有机磷农药中毒是因有机磷农药使用不当，污染饲料和饮水，或到刚施过农药的场地放牧等均可引起牛的中毒性疾病。

（一）诊断要点

本病根据病牛临床症状，结合病牛是否误食或偷食有机磷农药的饲料和饮水，不难做出诊断。

1.病因　误食被有机磷农药污染的饲料和饮水，或到刚施过农药的草场或在其附近放牧等均是中毒最常见原因。另外，用有机磷农药驱除牛体内、外寄生虫时剂量过大、浓度过高也易引起中毒。

2.症状　牛有机磷农药中毒主要表现毒蕈碱样症状、烟碱样症状和神经症状。病牛突然发病，食欲欠佳，流涎，流泪，口吐白色泡沫。腹痛，腹泻，多汗，尿频，瞳孔缩小，可视黏膜苍白。精神狂躁，肌肉震颤，眼球颤动，磨牙，呻吟。呼吸困难，气喘，重者很快昏迷死亡。

（二）防治

1.预防　加强对有机磷农药的管理，避免污染饲料和饮水，禁止牛到刚施过农药的草场或其附近放牧采食；最好不用有机磷制剂驱除牛体内、外寄生虫。

2.治疗

（1）消除病因：立即更换可疑的饲料、饮水。经皮肤吸收中毒者，一般用4%碳酸氢钠、5%石灰水或肥皂水清洗体表。若为敌百虫，可用1%醋酸代替。经消化道中毒者，用碳酸氢钠或食盐水洗胃，并灌服活性炭。禁用油类泻剂。

（2）尽快使用特效解毒剂：可肌肉或静脉注射解磷注射液，其用法与药的配方有关。

（3）采取补液、保肝措施，但输液时不宜过快。一次性静脉注射5%葡萄糖溶液300～500毫升，10%氯化钙溶液100～200毫升，20%安钠咖10～20毫升。

（4）若有抽搐症状时，使用小剂量镇静剂。若有肺水肿时，尽快使用抗生素。

四、牛的产科疾病

牛流产

关键技术

诊断：本病诊断的关键看病母牛是否具有分娩的征兆，表现为突然出现精神抑郁或徘徊不安，乳房膨大，阴唇变软。

防治：关键是平时加强母牛的饲养管理。发病后，尽可能制止流产的发生；若不能制止时，在保证母牛的健康的情况下，促使胎儿排出。

牛流产是牛在妊娠过程中，母体和胎儿的正常生理关系被破坏的病理现象，多见于怀孕早期。

（一）诊断要点

本病主要根据母牛未在分娩期，突然出现分娩的征兆，即可做出诊断。

1.病因　饲养管理不当、母体疾病（如生殖器官疾病、孕酮分泌不足）、母牛受强烈刺激而引起子宫或胎儿激烈震荡、胎儿和胎膜异常、胚胎过多或停止发育可引起本病。由布氏杆菌、沙门氏菌、霉形体、毛滴虫病等疾病引起。误用大剂量的雌激素等引起子宫收缩的药物。

2.症状　流产主要表现为隐性流产、早产、小产和延期流产。

隐性流产往往发生于胚胎附植的前后。配种时的发情周期往往是正常的，但在配种后间隔30天左右又出现发情。变性死亡且很小的胚胎被母体吸收或在母体再次发情时随尿液排出未被发现，子宫内不残留任何痕迹，临床上也见不到任何症状，直肠检查时的怀孕现象消失。

早产的预兆及过程与正常分娩相似，流产下的胎儿也是活的，但未足月，生活力低下，如不采取特殊措施，很难成活。此外孕牛早产时，常有乳房突然膨大，阴唇稍有肿胀，阴门有黏液排出等现象。

小产在临床上常无预兆，胎儿排出之前，如仔细观察看不到或摸不到胎动，怀孕脉搏变弱。阴道检查发现子宫颈口开张，黏液稀薄。

延期流产有胎儿干尸化和胎儿浸溶两种。单胎牛发生胎儿干尸化时，母体无全身症状，但怀孕至某一时间后，怀孕的外表现象不再发展，直肠检查感到子宫像一圆球，其大小依胎儿死亡的时间不同而异，子宫内容物很硬，无波动，摸不到怀孕脉搏和子叶，黄体明显存在，宫颈紧闭，无分泌物排出。

牛发生胎儿浸溶时，常引起子宫内膜炎，甚至表现腹膜炎、败血症等全身症状。如体温升高，食欲减少，精神沉郁，瘤胃蠕动减弱伴有腹泻等。胎儿软组织分解后，变为红褐色或棕褐色难闻的黏稠液体，在努责时流出，其中含有小的骨片。时间久之，则仅排出脓液，粘染在尾巴和后腿上，干后成为黑痂。阴道检查，发现子宫颈开张，有时可看到或摸到镶嵌于子宫颈管中的股骨，阴道和子宫颈黏膜红肿。直肠检查：子宫壁厚，可摸到胎儿参差不齐的骨片，捏挤子宫还能感觉到骨片间的相互摩擦，子宫颈粗大。

（二）防治

1.预防　消除引起本病的诱发因素，加强妊娠母牛的饲养管理和护理。

2.治疗

（1）若为先兆性流产，及时肌肉注射孕酮50~100毫克，同时使用镇静剂如溴剂或氯丙嗪。

（2）若按先兆性流产处理无效或为未排出死胎，肌肉注射己烯雌酚30～50毫克，待子宫张开后，注射催产素；若为干尸或浸溶性胎儿，注射己烯雌酚，促使子宫颈开张。待子宫张开后，用0.1%高锰酸钾反复冲洗子宫，然后取出干尸或骨头。

（3）对习惯性流产病牛，肌肉注射黄体酮100毫克，1次/天，连用3天；肌肉注射绒毛膜出促腺激素4 000单位。

（4）给予营养高的饲料和充足饮水，并加强护理。必要时，用0.1%高锰酸钾或新洁尔灭溶液冲洗子宫，同时向子宫内投入抗生素，以防止感染。

牛饲养性不育

关键技术

诊断：本病诊断的关键看病牛是否过肥、过瘦或饲料缺乏某种营养而导致其不发情。了解饲养状况，尤其是饲料的成分、加工及有无发生变质。

防治：本病防治的关键是合理配合饲料。确诊后，及时更换饲料，改善饲养方法。

牛饲养性不育是由于饲养不当，而使生殖机能衰退或者受到破坏。

（一）诊断要点

根据所了解饲养管理制度，对饲料的成分和母牛症状所发生的变化做出分析，即可做出诊断。

1.病因 饲料数量不足，饲料品种单纯和质量不良，或者饲料中缺乏某种所必需的营养物质，例如蛋白质、矿物质和微量元素、维生素等。上述的几种因素不是孤立的，而是互相联系发生作用的，引起牛的生殖机能衰退或受到破坏。例如饲料数量不足往往伴有蛋白质不足；蛋白质不足常与矿物质缺乏，特别是缺乏磷有联系；质量不好的饲料，一般都缺乏维生素。

2.症状

（1）瘦弱引起的不育：母牛瘦弱时，其生殖机能就会受到抑制。瘦弱的牛虽然也能发情，但可能不排卵，往往出现卵泡交替发育或者卵泡发育到某种程度就停顿下来，最后不是被吸收，就是形成囊肿。卵巢体积小，不含卵泡。

（2）过肥引起的不育：长期单纯饲喂过多的蛋白质、脂肪或碳水化合物饲料时，可以使卵巢内脂肪沉积，卵泡发生脂肪变性。这样的母牛除臃肿肥胖外，其临床上的表现为不发情。直肠检查发现卵巢体积缩小，也没有卵泡或黄体，有时尚可发现子宫缩小，松软。

（3）饲料品质不良引起的不育：母牛的营养状况可能无异常，临床检查也往往发现不了疾病，但往往影响母牛的生殖机能。用腐败苦涩的油渣或过多的糖类饲喂牛，可以引起慢性中毒，对生殖机能常有不良影响。饲料中所含的维生素A不足或缺乏，可以使子宫内膜的上皮细胞变性（角质化），使囊胚的附植上皮变性，卵泡闭锁或形成囊肿，不出现发情和排卵；维生素B缺乏时，发情周期失调，并且生殖腺变性；维生素D对牛生殖能力虽无直接影响，但对矿物质，特别是钙盐和磷盐的代谢有密切关系；维生素E缺乏的情况很少，如果发生时，可能引起隐性流产（胚胎消失）；缺乏磷时，可以使卵巢的机能受到影响，严重时阻碍卵泡的生长和成熟，导致母牛的性成熟延迟，还出现安静发情，甚至不排卵。

（二）防治

1.预防　牛饲养性不育，特别是对营养状况不佳的母牛，在配种以前即应改善饲养管理，增加精料和高质量的青鲜饲料和补充必需的一些矿物性饲料。

2.治疗

（1）迅速供给必要的足够易消化、高营养、营养全面的饲料并增加日照时间。补饲苜蓿、胡萝卜以及新鲜的优质青贮料；如补饲大麦芽，对于卵泡在发育中途停顿，或已发育成熟，但久不排卵的母牛，均有效果。

（2）过肥引起不育时，应给予多汁饲料，减少精料，增加运动。

牛持久黄体

关键技术

诊断：本病诊断的关键看病牛是否具有不发情，间隔10~14天，经过2次以上直肠检查，在卵巢的同一部位触到同样的黄体，触诊子宫没有收缩反应。

防治：本病防治的关键是平时合理运动和挤奶。确诊后改善饲养管理，使用激素类药物。

牛持久黄体是指怀孕黄体或周期黄体超过正常时限而仍继续保持功能者。持久黄体同样可以分泌孕酮，抑制卵泡发育，使发情周期停止循环，引起不育。此病多数是继发于某些子宫疾病，原发性的持久黄体比较少见。

（一）诊断要点

本病主要根据病牛的发情特征，结合直肠检查，即可确诊。

1.病因

（1）舍饲时，运动不足、饲料单纯、缺乏矿物质及维生素等，都可引起黄体滞留。持久黄体容易发生于产乳量高的母牛。冬季寒冷且饲料不足，常常发生持久黄体。

（2）牛子宫炎、子宫积脓及积水、胎儿死亡未被排出、产后子宫复旧不全、部分胎衣滞留及子宫肿瘤等，都会使黄体不能按时消退，而成为持久黄体。

2.症状 牛持久黄体的主要特征是发情周期停止循环，母牛不发情。直肠检查表面有或大或小的突出黄体，可以感觉到它们的质地比卵巢实质硬。如果超过了应当发情的时间而不发情，间隔10～14天，经过2次以上的检查，在卵巢的同一部位触到同样的黄体，子宫没有变化；但有时松软下垂，稍微粗大，触诊没有收缩反应。

（二）防治

1.预防 改进饲养管理，增加运动或放牧，减少挤乳量。

2.治疗

（1）肌肉注射前列腺素F2α 5～10毫克，或氟前列烯醇0.5～1毫克；氯前列烯酸500微克。一般注射1次即可奏效，如有必要可隔10～12天再注射1次。

（2）促卵泡素、雌激素也可用于治疗持久黄体。

牛卵巢囊肿

诊断：关键看病牛是否具有发情周期变短或延长，甚至有持续而强烈的发情行为，直肠检查仅发现卵巢有一个或几个紧张而有波动的囊泡。

防治：本病防治的关键是注意饲养管理，避免激素分泌失调。确诊后，及时注射激素药物。

牛卵巢囊肿通常指卵泡囊肿和黄体化囊肿。卵泡囊肿是因卵泡上皮变性、卵泡壁结缔组织增生变厚、卵细胞死亡、卵泡液未被吸收或增多而形成的；黄体化囊肿由未排出的卵泡壁上皮细胞黄体化而形成的。其特征表现是无规律频繁发情和持续发情，有时表现持续而强烈的发情，或长期不发情，高产奶牛多发，而且多见于泌乳盛期。

（一）诊断要点

本病根据牛的无规律频繁发情和持续发情的特征性症状，结合直肠检查，即可做出诊断。

1.病因　引起卵巢囊肿的原因，目前尚未完全研究清楚。从实践来看，主要有下列几种因素。

（1）长时期发情又不配种。

（2）饲料中缺乏维生素A，饲喂精料过多，舍饲而又缺乏运动。

（3）垂体或其他激素腺体机能失调以及使用激素制剂不当，如注射雌激素过多，可造成囊肿。

（4）子宫内膜炎、胎衣不下及其他卵巢疾病可以引起卵巢炎，使排卵受到扰乱而发生囊肿。

（5）卵泡发育过程中，气温突然变化。奶牛在冬季比天暖时多发。

（6）黑白花牛患本病与遗传有关。

2.症状　患卵泡囊肿的母牛，发情表现往往反常，如发情周期变短，发情期延长，甚至有持续而强烈的发情行为，成为慕雄狂。有的母牛则不发情，多见于产后60天内。母牛慕雄狂的症状是极度不安，大声呼叫、咆哮、拒食，频繁排泄粪尿；经常追逐和爬跨其他母牛；奶产量降低，有的乳汁带苦咸味，煮沸时发生凝固。病牛经常处于兴奋状态，食欲减退，身体消瘦，被毛失去光泽。慕雄狂的病牛性情凶恶，不听呼叫，并且有时攻击人畜。

患卵泡囊肿时间较长的病牛，特别是发展成为慕雄狂时，颈部肌肉逐渐发达增厚，状似公牛。荐坐韧带松弛，臀部肌肉塌陷，而且尾根隆起，阴唇肿胀，叫声低沉。阴门中经常或陆续排出分泌物。长期表现慕雄狂的病牛，骨骼严重脱钙，在反常爬跨期间可能发生骨盆或四肢骨折。

直肠检查，发现病牛卵巢有一个或几个紧张而有波动的囊泡，其大小与正常卵泡相同，隔2～3天后再检查1次，可发现囊肿交替发生和萎缩，但不排卵，囊壁比正常囊泡厚；子宫角松软，不收缩。

牛黄体化囊肿的主要外表症状是不发情，在直肠检查可发现囊肿多为一个，大小与卵泡囊肿差不多，但壁较厚而软，不那么紧张。在一个或超过一个发情周期，检查结果相同。

（二）防治

1.预防　保证供给牛充分的营养（如维生素）和适当运动，减少挤奶量，加强管理，避免对母牛产生强烈的刺激如天气变化。减少雌性激素的使用。

2.治疗　改进饲养管理条件，应用激素治疗，通常可收到良好效果。静脉注射羊垂体抽提物100～200单位，20～30天发情，一般3～4周不重复用药；或肌肉注射促性腺激素释放激素0.5～1.0毫克，18～23天发情。

牛慢性子宫内膜炎

关键技术

诊断：本病诊断的关键看病牛发情的临床症状、直肠和阴道检查及子宫触诊，做出综合判定。

防治：本病防治的关键是平时注意防止子宫被细菌感染。确诊后，冲洗子宫内容物，放入药物杀菌；若有全身症状，对症治疗。

牛慢性子宫内膜炎是子宫黏膜慢性发炎。此病常见于奶牛，是母牛不孕的主要原因之一。

（一）诊断要点

根据病牛所表现的发情的特征性症状，结合阴道、直肠检查和子宫触诊，即可做出诊断。

1.病因

（1）慢性子宫内膜炎多由急性转变而来。

（2）子宫复旧不全、胎衣不下、牛布氏杆菌病、结核病和沙门氏杆菌病都可并发子宫内膜炎。

（3）某些病毒，如牛传染性鼻气管炎病毒和牛病毒性痢疾黏膜病病毒都可引起此病。

（4）输精时消毒不严密，分娩、助产时不注意消毒或操作不慎，是将病原微生物带入子宫导致感染的主要原因。

（5）公牛生殖器官的炎症和感染（毛滴虫病和胎儿弧菌），也可通过本交或精液传给母牛而引起慢性子宫内膜炎。

2.症状　牛慢性子宫内膜炎根据炎症性质不同，可以分为卡他性、卡他性脓性和脓性三种。慢性子宫内膜炎，当子宫不发生肉眼可见的形态变化时，称为隐性子宫内膜炎。牛慢性卡他性子宫内膜炎有时可以发展成为牛子宫积水。牛慢性脓性子宫内膜炎有时可以发展成为牛子宫积脓。

（1）牛慢性卡他性子宫内膜炎：其特征是牛子宫黏膜松软增厚，有时甚至发生溃疡和结缔组织增生，而且个别的子宫腺可以形成小的囊。病牛一般不表现全身症状，有时体温稍微升高，食欲及泌乳量略微降低。病牛的发情周期正常，或发生紊乱。有时发情周期虽然正常，但屡配不孕或者发生早期胚胎死亡。不发情时进行阴道检查，可以发现阴道黏膜正常。阴道内积有带絮状物的黏液。子宫颈稍微开张，子宫颈膣部肿胀，但充血不明显。有时可以看到阴道中有透明或混浊黏液，子宫颈如封闭，无黏液排出。直肠检查可发现子宫角变粗，子宫壁增厚，弹性减弱，收缩反应减弱。

（2）牛隐性子宫内膜炎：其特征是子宫不发生肉眼可见的变化，直肠检查和阴道检查也无任何变化，发情周期正常，但是屡配不孕。发情时子宫排出的分泌物较多，有时分泌物略微混浊。

（3）牛子宫积水：子宫内积有棕黄色、红褐色或灰白色稀薄或稍稠的液体，称为牛子宫积水。牛子宫积水通常是由慢性卡他性子宫内膜炎发展而来的。由于慢性炎症过程，子宫腺的分泌机能加强，子宫收缩减弱，子宫颈管黏膜肿胀，阻塞不通，导致子宫腔内的渗出物不能排出。有时是在每次发情之后由于分泌物不能通过子宫颈完全排出，聚积的数量逐渐增多，发展成为子宫积水。病牛往往长期不发情，从阴道中不定期排出分泌物。阴道检查有时可以见到子宫颈隆部轻微发炎。

（4）牛慢性卡他性脓性子宫内膜炎：其特征基本上与慢性卡他性子宫内膜炎一样，但病理变化比较深重。子宫黏膜肿胀、剧烈充血和淤血，同时还有脓性浸润，上皮组织变性、坏死和脱落，有时子宫黏膜上有成片的肉芽组织或瘢痕，子宫腺可形成囊肿。病牛有轻度全身反应，精神不振，食欲减少，逐渐消瘦，有时体温略微升高。有的出现瘤胃弛缓，反复表现轻度消化紊乱的症状。发情周期不正常。阴门中排出灰白色或黄褐色稀薄脓液，病牛的尾根、阴门和飞节上常黏有阴道排出物或其干痂。阴道检查发现阴道黏膜和子宫颈腔部充血，往往黏附有脓性分泌物；子宫颈口略微张开。直肠检查感觉子宫角增大，收缩反应微弱，壁变厚，且厚薄不匀、软硬度不一致；若子宫聚积有分泌物时，则感觉有轻微波动。

（5）牛慢性脓性子宫内膜炎：病牛主要症状是从阴门中经常排出脓性分泌物，躺卧时排出较多。阴门周围皮肤及尾根上黏附有脓性分泌物，干后变为薄痂。直肠检查和阴道检查与脓性卡他性子宫内膜炎所见症状相同，一侧或两侧子宫角增大，子宫壁厚而软，厚薄不一致，收缩反应很微弱。有时在子宫壁与子宫颈壁上可以发生脓肿。

（6）牛子宫积脓：子宫内积留有大量脓性渗出物，不能排出，称为牛子宫积脓。

患慢性脓性子宫内膜炎的母牛，黄体持续存在，子宫颈管黏膜肿胀，或黏膜粘连成隔膜，使脓液不能排出，积蓄在子宫内，便形成子宫积脓。病牛除发情停止外，通常没有明显的全身变化，有时食欲减退，逐渐消瘦，有的病牛尚可发生瘤胃弛缓和间歇性嗳气。如果病牛发情或子宫颈管黏膜肿胀减轻，则可排出脓性分泌物，尾根及阴门黏有脓痂。阴道检查往往发现阴道和子宫颈腔部黏膜充血、肿胀，子宫颈外口可能附有少量黏稠脓液。直肠检查可发现子宫增大，但各处厚薄和软硬度不一样。

（二）防治

1.预防　注意产房、输精、助产或本交卫生和消毒，防止病原微生物的感染。难产的助产操作要正确，以免对子宫造成损伤。注意疾病的激发感染。

2.治疗

（1）冲洗子宫。对牛慢性卡他性子宫内膜炎，最常用的冲洗液是1%～10%的盐水；对牛隐性子宫内膜炎，在配种前1～2小时用生理盐水（加入20万单位青霉素更好）或1%小苏打溶液冲洗子宫及阴道；对慢性脓性子宫内膜炎，一般建议应用淡消毒液，如0.02%～0.05%高锰酸钾、复方碘溶液（每100毫升溶液含复方碘溶液2～10毫升）及0.01%～0.05%新洁尔灭。

若牛子宫积脓或子宫积水时，应先将子宫内积留的液体排出之后再进行冲洗。冲洗之后，可根据情况往子宫内注入抗菌防腐药液，或者直接放入抗生素胶囊。首选的药物是广谱抗生素，通常采用恩诺沙星（1～2克）。也可采用青霉素及链霉素，经常二者合用，青霉素每次用量为40万～80万单位，链霉素0.5～1克。最好在治疗之前，根据病原菌对抗生素的敏感试验，选择最有效的抗生素。为了防止注入的溶液外流，所用的溶剂（生理盐水或注射用水）数量不宜过多，一般为20～40毫升。如在冲洗前后配种，溶解抗生素的溶剂需用5%葡萄糖溶液或生理盐水。

（2）牛慢性脓性子宫内膜炎，经冲洗之后，或子宫内渗出物不多时，也可不进行冲洗，就将药物灌注于子宫内。常用的灌注药剂有1∶2～1∶4石蜡油（或碘酊甘油）溶液20～40毫升，或等量的石蜡油复方碘溶胶20～40毫升。

（3）对牛子宫积脓、牛子宫积水、牛胎儿干尸化和胎儿浸溶的病例，首先应采用前列腺素制剂消除黄体的作用，然后注射雌激素（剂量应照常量增加1/3~1/2），便于子宫内容物排出；如一次无效，可第二次用药。但雌激素不能长期重复应用，否则可以抑制脑垂体机能和引起卵巢囊肿。子宫积水的病例如并发卵巢囊肿，应同时予以治疗。

（4）患慢性子宫内膜炎病牛如有全身症状，应采用抗生素及磺胺类药进行全身治疗。对患病已久，身体衰弱的病牛，可以静脉注射10%氯化钙溶液。但用量切勿过大，注射切勿过快，以免对心肌发生不良的副作用。

牛阵缩与努责微弱

关键技术

诊断： 本病诊断的关键看病牛是否具有分娩症状和产道检查无异常，但分娩进程缓慢或无进展致胎儿不能排出。

防治： 本病防治的关键是平时适当增加运动和营养。发病后及时施行助产术。

牛阵缩和努责微弱均属于产力性难产，分娩时子宫肌、膈肌和腹肌的收缩是胎儿从子宫内排出体外的动力，如果三者的收缩力弱且持续时间短，则胎儿就不能顺利产出。通常把子宫的收缩称为阵缩，膈肌和腹肌的收缩称为努责。

（一）诊断要点

本病主要根据牛的预产时间和分娩的特征性症状，结合产道检查，即可做出诊断。

1.病因

（1）怀孕期间，营养不良，体质虚弱，运动不足；怀孕末期，特别是雌激素、前列腺激素分泌不足，或孕酮量过多及子宫肌对上述激素的反应减弱，或分娩时催产素分泌不足。

（2）全身性疾病如瘤胃弛缓、布氏杆菌病、子宫内膜炎可引起肌纤维变性。

（3）胎儿过大或胎水过多而引起的收缩减弱。

（4）胎儿未能顺利产出，因过度疲劳，导致阵缩与努责微弱或停止。

2.症状 牛怀孕期满，饮食几乎正常，分娩预兆也充分表现，但分娩牛的努责次数少、持续时间短、力量弱。若患低血钙病牛，努责轻微或无努责。产道检查，产道松软开放良好，骨盆腔大小形态也正常，胎儿的胎势、胎位、胎向及大小等也都正常，但分娩进程缓慢或无进展致胎儿不能排出。

（二）治疗

一般不使用药物，而施行牵引术助产。具体方法是用消毒的产科绳捆缚固定胎儿两前肢或后肢的球节上方，术者手臂伸入产道保护胎儿头部或用手握住胎儿的上颌或下颌，在术者指挥下，由助手协同用力牵引产科绳，最后将胎儿拉出。在牵引过程中，所有接触产道的人员，其手臂要彻底消毒；向外牵拉胎儿时，要沿着骨盆轴的方向，持续用力逐渐加强，不可突然用力；必要时在产道内灌注消毒的石蜡油后再牵拉胎儿。

牛子宫颈狭窄

关键技术

诊断：本病诊断的关键看病牛是否具有分娩症状正常，产道检查可摸到开张不全的子宫颈外口。

防治：本病防治的关键是首先使用药物，若无效时，及时施行助产术。

牛子宫颈狭窄是牛最常见的软产道狭窄，表现为分娩时子宫颈扩张不全或不能扩张。根据子宫颈狭窄的程度不同可分为四度：一度狭窄时，胎头和两前肢尚能勉强通过；二度狭窄时，两前肢和颜面部能进入子宫颈管，但头部则不能通过；三度狭窄时，只有两前蹄能通过子宫颈；四度狭窄时子宫颈只能开张一个小口。

（一）诊断要点
本病主要根据牛的分娩的特征性症状，结合产道检查，即可做出诊断。
1.病因
（1）牛分娩时雌激素和松弛素分泌不足，致使子宫颈肌层尚未充分浸软松弛；或分娩初期受到惊吓等不良刺激，引起子宫颈痉挛性收缩。
（2）以前分娩时子宫颈发生裂伤、慢性感染致使子宫颈弹性降低、不能扩张或扩张不全而致狭窄。
2.症状
牛具备了全部的分娩预兆，阵缩、努责均正常，但迟迟不见胎儿或胎膜露出；产道检查可摸到开张不全的子宫颈外口。

（二）治疗
（1）发生子宫颈一二度狭窄时，若胎衣未破，阵缩与努责不强，且胎儿还活着则宜稍等待，与此同时肌肉注射己烯雌酚50毫克，稍后静脉滴注催产素30～60单位，10%葡萄糖酸钙200～300毫升，10%葡萄糖液500毫升，以增强子宫收缩力，促使子宫颈扩张。当胎衣和胎儿的一部分进入子宫颈时，再缓慢试行拉出胎儿。

（2）子宫颈切开术。方法是：先用手指或扩张器尽量扩大子宫颈管，然后用子宫颈钳或舌钳夹住子宫颈膣的侧壁，拉至阴门附近，再持刀片或隐刃刀深入子宫颈管到达预定部位，沿两侧壁一方作1～2个切口，只切开黏膜层和环状肌层，深度不超过5厘米。拉出胎儿后，结节缝合创口，涂抹抗生素软膏。如果子宫颈开口很小，且胎儿还活着，为了避免伤害子宫颈和胎儿，则应尽早考虑剖腹产手术。

牛骨盆狭窄

关键技术

诊断：本病诊断的关键看病牛是否具有正常的分娩表现，产道检查胎儿及软产道均正常，但触诊硬产道检查发现骨盆狭小的特征。

防治：本病防治的关键是平时不过早交配，加强种牛的饲养管理。确诊后灌注润滑剂，若无效时，及时施行助产术。

牛骨盆狭窄是指牛分娩时因骨盆太小或形态异常而出现的难产。

（一）诊断要点

本病主要根据病牛分娩的特征性症状，结合产道检查，即可做出诊断。

1.病因

（1）牛先天性骨盆狭窄常见于骨盆发育不良，佝偻畸形者。

（2）牛生理性骨盆狭窄常见于配种过早的动物，至分娩时骨盆尚未发育完全。由于骨折等原因引起骨膜增生，骨质突入骨盆腔内，致使盆腔变形、狭小，影响胎儿顺利产出。

2.症状 牛分娩时，胎儿已经排出，阵缩努责也强烈，但排不出胎儿；产道检查，胎儿及软产道均正常，触诊硬，产道会发现骨盆狭小，与胎儿大小不相适应，甚至发现骨盆腔内有骨瘤、骨质增生、骨盆变形等。

（二）治疗

1.预防 待牛生理成熟后进行配种，加强种牛的饲养管理。

2.治疗

（1）通过检查认为骨盆狭窄不太严重时，可在产道内灌注消毒的石蜡油，配合努责，试行牵引拉出胎儿。

（2）如骨盆狭窄较严重，或骨盆内有增生、骨瘤、变形时，可施行剖腹产手术以保胎儿的存活；如胎儿已死，可采用截胎术解除难产。

牛胎儿性难产

关键技术

诊断： 本病诊断的关键看是否具有母牛分娩的特征性症状正常，产道检查胎儿异常的特征。

防治： 本病防治的关键是及时施行助产术。

牛胎儿性难产是指由胎儿异常所造成的难产。

（一）诊断要点

本病主要根据病牛分娩的特征性症状，结合产道检查，即可做出诊断。

1.病因

（1）胎儿性难产主要是由胎儿的胎势、胎位、胎向异常导致胎儿不能顺利通过产道而引起的难产。

（2）由胎儿相对过大、畸形、双胎同时楔入产道而致。

2.症状 分娩时，母牛阵缩及努责正常，但胎儿排不出来。经产道检查可感到胎儿以下异常：

（1）头颈姿势异常：由头颈姿势异常所致的难产在胎儿性难产中，占50%左右。其表现形式有头颈侧弯、头向下弯、头向后仰、头颈捻转等。

（2）前后肢姿势异常：主要表现有腕关节屈曲、肩关节屈曲、跗关节屈曲。

（3）胎位异常：主要形式是侧位难产和下位难产。

（4）异常的胎向：有横向和竖向两种形式。此外，根据胎儿是背部或腹部向着产道又可分为背部前置和腹部前置。

（二）防治

1.难产的预防 首先对母牛加强饲养管理。其中主要方面是适时配种，合理喂养，加强运动。以免发生产道狭窄、胎儿过大、母体过肥和过瘦而产力不足。设置专门的产房，创造安静的分娩环境也是十分必要的。

其次，及时地作好临产检查，对分娩正常与否做出早期诊断，在难产防治中具有重要意义。临产检查是在第一胎水排出之后，也就是胎儿的前置部分进入骨盆腔的期间，立即对分娩母牛做产道检查。术者的手臂及母畜外阴部消毒后，把手伸入产道隔着羊膜，检查两前蹄和胎唇（正生）三件是否俱全，两前肢是否伸直，胎唇部是否在两前肢之间之上，倒生时检查两后肢是否伸直。均为正常时，可不做处理，让其自然娩出；胎儿的姿势位置如有反常，应立即进行矫正。这时全部羊水或大部分羊水还没有排出，子宫还没有紧裹胎儿，具有相对的空间，在羊水中矫正胎位，胎向、胎势较为容易。例如牛的头颈侧弯是常见的难产之一，在胎儿开始排出时，这种反常一般只是头稍微偏斜，而不能入骨盆。临产检查时，只要稍加扳动，即可将头位转正，从而避免难产的发生。同时还可提高胎儿的存活率。

临产检查除检查胎儿外，还可顺手检查硬产道和软产道有无异常，以便及时采取相应的措施。顺产和难产在一定条件下是可以转化的，临产检查就是为难产转化为顺产提供条件。如上面说的头颈侧弯，如不进行临产检查，随着子宫的收缩，胎儿进入骨盆越深，头颈歪转就会更加严重，终至发生难产。因此，积极地作好临产检查是难产防治中不可缺少的必要措施，某些情况下，通过临产检查即可将难产防患于未然。

2.难产的治疗

（1）无论何种头颈姿势异常，均应首先选用矫正术助产。术者手臂伸入产道，握住胎儿的下颌或上颌或伸入胎儿的口腔内，用力向相反的方向矫正其异常的姿势。同时，助手用力向外牵拉胎儿的肢体，往往即可奏效。如果胎儿已死，胎水已经流失，徒手矫正则较为困难，可借助产科钩绳钩挂胎儿的眼眶、上下颌、后鼻孔等方法加以矫正拉出。必要时可将阴门外的前肢部分消毒后推回子宫腔内，再进行矫正。

（2）前后肢姿势异常顺产时，往往是采用推、拉并用的措施，将屈曲的肢体矫正成伸直后，再牵引拉出整个胎儿。必要时可截除肢体的某一部分，再牵拉出胎儿。

（3）胎位异常时，不太严重的侧位难产通过矫正后再用牵引的方法进行解除，或在施行牵引术的过程中，侧位亦随之被矫正。下位难产的矫正方法则是在胎儿两肢体之间横夹一短木棒，并用绳将木棒与胎儿肢体捆绑在一起，然后扭转木棒使胎儿作纵轴转动，待矫正成上位后拉出。此法实施相当困难。下位难产如果通过矫正，能把两前肢拉出体外，则可采用先去除两前肢，再牵引的方法。否则只能用截胎术或剖腹产手术解除难产。

（4）胎向异常难产时，若出现时间不久，头和前躯进入骨盆腔不深，且手能伸至盆腔入口处，可握住后蹄，先尽可能向后抬，再越过耻骨前缘推回子宫。如有困难，可将母牛仰卧或半仰卧保定。头和前腿的姿势如有异常，也应加以矫正，然后将胎儿以正常的正生拉出。如矫正困难，且胎儿还活着，应立即进行手术，避免胎儿死亡；如已延误时机，头颈及前腿已漏出阴门外，胸部楔入在盆腔内，后蹄已进入盆腔较深，无法推回，这时只要手能摸到后蹄，可先在系部栓上绳子，术者把跗部或蹠部尽可能向上抬，徒手拉绳，使自身伸直于躯干之下。然后同时拉动手和四肢，将胎儿拉出。

3.难产时危重情况的处理——休克　休克是发生于难产和助产过程中的一种危急症。

（1）病因：手术助产时，拉出胎儿迅速而且过猛，使腹压急剧下降，造成大脑缺血性休克；矫正拉出胎儿时，持续而强烈的刺激产道，引起剧烈的疼痛而休克；子宫、产道发生损伤、破裂，大量失血，造成全身组织器官缺氧、缺血而导致出血性休克；胎儿胎盘毛细血管破裂，胎儿血或羊水经由绒毛间隙进入母体循环，可引起过敏性休克。

（2）症状：休克初期主要表现兴奋状态，如呼吸快而深，脉搏快而有力，黏膜发绀等。这一过程很短，往往被忽视。随后出现抑郁、对痛觉及外界刺激的反应变得极其微弱甚至消失，心跳微弱、有间歇，呼吸浅表而不规则，黏膜变得苍白，瞳孔散大，四肢厥冷，体温下降，全身或局部颤抖、出汗。此时如不及时抢救可引起死亡。

（3）防治：首先是消除病因，根据休克发生的原因不同，给以相应的处理。如果子宫、产道损伤破裂引起出血时，必须先止血，必要时输血，以防止休克的发生和发展。如果休克是由强烈疼痛刺激引起，则应立即除去不良刺激；其次是对疑有休克的病牛，及早采取综合措施。如补液同时给予解除微血管痉挛的药物、注射地塞米松、钙制剂等。当胎儿胸腹部露出时，牵引拉出胎儿时要缓慢，防止腹压急剧降低和子宫跟出；对失血病例，要注意及时输氧和扩充血容量，可静脉滴注右旋糖酐和糖盐水等。

牛生产瘫痪

关键技术

诊断：本病诊断的关键看病牛在分娩前后是否出现知觉丧失及四肢瘫痪的症状，多发于3～6胎的高产母牛。

防治：本病防治的关键是对孕牛喂低钙高磷和富含维生素D的饲料。确诊后，尽早静脉注射钙剂或乳房送风。

牛生产瘫痪是母牛分娩前后突然发生的一种严重代谢性疾病，其特征是知觉丧失及四肢瘫痪，又称乳热症。此病常发于奶牛，本病主要发生于营养良好、5～9岁的高产奶牛。在顺产后的3天内多发，少数在分娩过程中或分娩前数小时发病。

（一）诊断要点

本病主要根据病牛出现瘫痪的特征性症状，结合发病时间，即可做出诊断。

1.病因 引起本病的直接原因主要是分娩前后血钙浓度剧烈降低。怀孕后期胎儿骨骼发育较快，动用钙质较多，而母体骨骼贮存钙质相对较少。

2.症状 典型生产瘫痪病例，发病快，12小时内即表现出典型症状。病初牛精神沉郁，食欲废绝，反刍、排粪、排尿停止，不愿走动，后肢交替负重，好似站立不稳，后躯摇摆，肌肉震颤。有的则表现惊慌不安，目光凝视，四肢肌肉痉挛，不能保持平稳。数小时后，出现瘫痪症状，后肢不能站立，虽不断挣扎，仍站不起来，全身出汗，肌肉颤抖。随后出现意识抑制，知觉丧失的症状。病牛昏睡，瞳孔散大，眼睑反射消失，对光照无反应，皮肤对疼痛刺激亦无反应，肛门反射亦消失。心跳弱而快，可达80～120次/分，呼吸深慢，舌有时伸出口外，不能缩回。病牛伏卧，四肢屈于躯干之下，头向后弯到胸部一侧，将头颈拉直松手后又重新弯向胸部。个别病牛卧地后出现癫病症状，四肢伸直并抽搐。随着病程发展，体温逐渐下降至36～35℃。病牛常在昏迷状态下毫无动静地死亡。个别者死前有痉挛性挣扎。

非典型生产瘫痪病例，牛具有瘫痪症状外，主要特征是头颈姿势不自然，头部至鬐甲呈轻度的"S"状弯曲，精神沉郁但不昏睡，各种反射减弱但不消失，食欲废绝，能勉强站立但站不稳，行走困难，体温正常或不低于37℃。

（二）鉴别诊断

牛酮血症：在产前和产后均有发生，病牛的奶、尿和血液中丙酮含量增多，呼出的气体有烂苹果味；牛产后败血症和因分娩而恶化的创伤性网胃炎后期病牛也有类似本病的症状，一般体温升高，眼睑、肛门，尤其是疼痛反应不完全消失，对钙剂疗法的反应表现为注射后立即出现心脏节律紊乱，心音增强，脉搏增加，有的在注射过程中死亡。

（三）防治

1.预防　从产前二周开始，给母牛饲喂低钙高磷饲料。分娩后立即增加钙量。分娩之后，立即注射维生素D制剂。

2.治疗

（1）钙剂疗法：静脉注射10%葡萄糖酸钙100毫升，或5%氯化钙500毫升。可加在10%葡萄糖溶液中或糖盐水中输入。用20%硼葡萄糖酸钙500毫升静注效果也很好。补钙量按每50千克体重1克计算。注射后6～12小时，病牛若无反应，可重复注射，但最多不可超过3次。注射钙剂时，要控制速度和监视心脏情况，如果剂量过大或速度太快，可引起死亡。如果注射3次仍不见效，可能诊断有误或有其他并发病。对反应效果不是很好，又怀疑血镁和血磷也降低的病例，在第二次补钙的同时，可加入50%葡萄糖溶液和15%磷酸钠各200毫升，25%硫酸镁50～100毫升静脉注射。

（2）乳房送风：病牛侧卧保定，挤净乳房中的乳汁并消毒乳头，将抹有润滑剂的乳导管插入乳头管内，从一侧乳区开始，依次向4个乳区内打满空气，以乳房皮肤紧张，乳房基部的皮肤边缘清楚变厚，轻敲乳房时呈鼓音为标准。打气之后，用宽纱布条将乳头轻轻扎住，防止空气逸出，待病牛起立1小时后再将纱布条解除。

（3）在采取上述疗法的同时，注意对症治疗。

牛胎衣不下

关键技术 ————————————————

诊断：本病诊断的关键看病牛产后是否具有胎衣悬浮于阴门外或阴道内排出恶臭污红色液体的临床症状。

防治：本病防治的关键是平时给孕牛增加矿物质和维生素，加强运动。确诊后，首先使用促进子宫收缩药物；无效时，采用手术剥离。

牛胎衣不下是指母牛分娩后，胎衣在12小时内不能排出的疾病，又称为胎衣滞留。本病以奶牛最为多见，常引起子宫内膜炎导致不孕。

（一）诊断要点

根据牛在产后的阴道分泌物特征，结合阴道或子宫触诊，即可做出诊断。

1.病因

（1）牛怀孕期间，饲料缺乏矿物质和维生素，特别是缺乏钙盐与维生素A，孕牛消瘦、过肥、运动不足等，都可使子宫弛缓，产后子宫收缩无力。

（2）胎儿过多或过大，胎水过多等，使子宫肌过度扩张，产后子宫收缩无力致胎衣不下；流产、早产、难产、子宫捻转时，产出或取出胎儿后，子宫收缩力往往很弱。

（3）胎儿胎盘与母体胎盘结合紧密是发生胎衣不下的内因，怀孕母牛的子宫受到细菌感染，发生轻度子宫内膜炎及胎盘炎，胎儿胎盘与母体胎盘炎性粘连。

2.症状
若为全部胎衣不下，仅见一部分已分离的胎衣悬吊于阴门之外，呈土红色或灰红色或灰褐色的绳索状。如子宫严重弛缓，胎衣则可能全部滞留于子宫内；有时悬吊的胎衣可能断离。这些情况，只有进行阴道或子宫触诊，才能发现。经过1~2天，因滞留的胎衣发生腐败分解，从阴道内排出恶臭污红色液体，内含腐败的胎衣碎片，卧地时排出较多。继发急性子宫内膜炎，同时由于腐败分解产物被机体吸收，出现体温升高，精神不振，食欲不佳及反刍减少，拱背努责。胃肠机能紊乱时，可能出现腹泻、前胃弛缓、积食等症状。若部分胎衣不下，只有一部分或个别胎儿胎盘残留在子宫内，从外部不易被发现，主要是恶露排出的时间延长，其中有胎衣碎片、恶臭。

（二）防治

1.预防

（1）给怀孕母牛饲喂富含维生素及钙的饲料，对舍饲牛增加运动时间，产前一周减少精料。

（2）分娩后，让母牛舔干犊牛的黏液，尽可能灌服羊水，并让犊牛尽早吮乳或挤乳。也可尽快注射葡萄糖酸钙或饮益母草和当归煎剂或水浸液。另外，分娩后注射催产素50单位，也可降低胎衣不下的发病率。

2.治疗

（1）促进病牛子宫收缩：如在产后12小时，肌肉或皮下注射催产素50~100单位，2小时后重复注射1次，效果较好。如在产后24小时应用，效果不佳；注射催产素的同时或稍前可注射雌激素1~2毫克，以增强子宫对催产素的敏感性。此外，尚可皮下注射麦角新碱1~2毫克。

（2）促进病牛胎盘分离：子宫内注入5%~10%盐水2 000~3 000毫升，可促使胎儿绒毛缩小，与母体胎盘分离，也有促进子宫收缩的作用。但注入后需全部排出。

（3）防止胎衣腐败及子宫感染：在牛的子宫黏膜和胎衣之间放置土霉素或四环素或复方新诺明原粉3~5克，隔日1次，连用3次。

（4）手术疗法：手术剥离牛的胎衣，必须在分娩24小时之后进行，否则剥离困难，并容易造成出血。术前确实保定病牛，阴门及其周围、露出的胎衣等彻底清洗消毒，术者手臂消毒后，保护性地涂抹碘甘油。方法是左（或右）手扯紧露出阴门外的胎衣，另一只手沿着它伸入子宫黏膜与胎膜之间，找到未分离的胎盘，由近及远，逐个进行。辨别一个子叶是否剥过的依据是表面光滑，有胎膜连盖者未曾剥离；表面蜂窝状粗糙，没有胎膜相连者即已剥过。剥离方法是在母体胎盘与其蒂的交界处，用拇指及食指捏住胎儿胎盘的边缘，将它从母体胎盘上扯开一点，或者用食指将它抠开一点，再将拇指或食指逐步伸入胎儿胎盘与母体胎盘之间，将它们分离开。或用食指绕过整个子叶边缘，将与胎儿子叶相连部的胎膜拢起，稍固定后，向着子宫壁方向挤压母体子叶，最后将它们分离开。在剥离过程中一定要拉紧脱离后的胎膜，以便顺其寻找未分离的子叶。子宫角尖端的子叶，由于手臂的长度有限，不易摸到，这时拉紧胎衣，使子宫角尖端略微内翻，缩短距离，待分离完子叶之后，再将其摆动恢复原位。

手术剥离胎衣后，子宫内可能存有胎盘碎片及腐败液体，需用0.1%高锰酸钾或新洁尔灭进行冲洗，清除子宫内感染源，待清洗液全部导出后，向子宫内放置或注入广谱抗生素，如土霉素、磺胺嘧啶粉或青霉素、链霉素等。

（5）术后数天内要注意检查有无子宫炎及全身症状，一旦发现要及时进行治疗。

牛阴道脱出

关键技术

诊断：本病诊断的关键看病牛产后是否可见夹在阴门之间的粉红色瘤状物或露出于阴门之外的临床症状。

防治：本病防治的关键是及时恢复原状，防止感染。

牛阴道脱出是阴道壁的一部分或全部脱出于阴门之外。年老体衰的牛易发，多发生于怀孕后期。

（一）诊断要点

本病根据牛的临床特征，即可做出诊断。

1.**病因** 固定阴道的组织及阴门壁松弛，或腹内压过高；营养不良、运动不足、胎儿过大、胎水过多等因素。

2.**症状** 部分阴道壁脱出时，多发生在产前，病初仅在病牛卧下时，才可见夹在阴门之间的粉红色瘤状物或露出于阴门之外，起立后，脱出的部分又自行缩回。如病因不除、经常脱出，则能使脱出的阴道壁逐渐变大，以致脱出的瘤状阴道壁起立后不能自行缩回，导致阴道壁全部脱出，阴道黏膜红肿干燥。部分阴道脱出时，有时能自行缩回，全部脱出者则难以缩回。全部脱出时由于努责强烈，病牛疼痛不安。可见一串球状囊状物脱出于阴门之外，黏膜呈粉红色、湿润、柔软。久不缩回者，脱出的阴道壁黏膜呈紫粉色，随后因黏膜下层水肿而呈苍白色，阴道壁变硬，有时黏膜外粘有粪便、垫草、泥土而污秽不洁，黏膜有伤口时常有血渍。病牛精神沉郁，脉搏快而弱，食欲减少，常继发瘤胃膨胀。

（二）防治

1.预防　舍饲牛要增加运动，给予易消化的饲料，少喂容积过大的粗饲料，及时治疗便秘、腹泻和瘤胃膨胀等疾病。

2.治疗

（1）对于部分阴道脱出的病牛：将牛拴于前低后高的牛舍内，适当增加运动，减少卧地时间，并将牛尾系于一侧；同时给予营养丰富易消化的饲料。

（2）对于阴道全部脱出的病牛：将牛保定于前低后高的地方，进行整复。若强度努责，在后海穴或荐尾间隙注入2%普鲁卡因；然后用0.1%高锰酸钾或0.05%～0.1%新洁尔灭将脱出的阴道充分冲洗，除去坏死组织，缝合大的伤口；若水肿严重时，用2%的明矾水冷敷，并适当压迫10～20分钟；或针刺水肿黏膜，挤压排液，并涂抹过氧化氢。整复时可用纱布将脱出的阴道托起，再用手将脱出的阴道向阴门内推送，待全部推入后，用拳头将阴道推回原位，并注入适当消炎药如土霉素。

牛阴道及阴门损伤

关键技术

诊断： 本病诊断的关键看病牛是否具有尾根上举、摇尾、弓背和努责的临床症状；开膣器结合探灯检查阴道，可发现创口。

防治： 本病防治的关键是防止感染，及时对受创部位采取治疗措施。

牛阴道及阴门损伤是指牛出现难产时，在分娩和助产过程中所造成阴道及阴门的损伤。

（一）诊断要点

本病主要根据牛的临床症状，结合阴道检查，即可做出诊断。

1.病因

（1）配种时，如强壮公牛与瘦小母牛交配时，往往造成阴道损伤。

（2）分娩时，努责剧烈，强行娩出，阴道及阴门受损。

（3）因胎儿过大或胎势不正，使用器械操作不当，可损伤阴道黏膜。

2.症状　阴道及阴门损伤的病牛，往往尾根上举、摇尾、弓背和努责。牛阴门损伤主要为撕裂伤，可见阴门的创口及出血；若助产时间过长或强烈刺激时，阴道及阴门因剧烈水肿，阴门黏膜外翻或发生黏膜下血肿。阴道受创时，有血水及血凝块从阴道内流出，开膣器结合探灯检查阴道，可发现创口。若为陈旧的溃疡，病灶上常附着污黄色坏死组织即脓性分泌物。当阴道为穿透创时，病牛很快出现腹膜炎症状，甚至有肠管、网膜等突入阴道内。

（二）防治

1.预防　分娩时，减少对母牛的刺激，加强护理；合理使用助产术，减轻对阴道和阴门的刺激。

2.治疗

（1）若病牛阴门受损，用红霉素软膏涂擦创口，然后根据创口状况进行数针缝合。若已化脓时，按感染创处理。

（2）对于病牛阴道壁创伤，查明伤口位置后，用普鲁卡因青霉素稀释液，蘸湿纱布，带入阴道，压迫伤口止血，或在伤口上涂抹药物。阴道壁穿透创时，应立即将脱入阴道内的肠管等用消毒液清洗干净，涂抹抗生素后送回腹腔内，并对创口进行缝合。方法是：术者用左手固定创口，右手持长柄针钳，顺手臂将缝针推入阴道内，将缝针穿过创口两侧，抽出缝针，在阴门外打结，再用左手将结推至创口处，抽紧缝线，同样方法打好第二个结。阴道内涂布青霉素、链霉素。每天肌肉注射抗生素，以防止腹膜炎发生。

牛乳房炎

关键技术 ————————————————————————————

　　诊断：本病诊断的关键看病牛乳房是否有红、肿、热、疼、硬，泌乳减少或停止，乳汁有凝块、血液或脓汁症状。

　　防治：本病防治的关键是平时加强卫生管理，采用合理的挤奶方式，确诊后及时治疗。

　　牛乳房炎是乳腺受各种因素的作用，乳中体细胞尤其是白细胞增多及乳腺组织发生病理变化。

（一）诊断要点

　　本病主要根据牛的乳房炎症、乳汁颜色、黏稠度性状的变化和产奶量的减少等症状，即可做出诊断。

　　1.病因　由细菌、霉形体、真菌、病毒等多种病原微生物引起；外伤、化学刺激、挤奶等因素引起。

　　2.症状　病牛临床型乳房炎症状明显，乳房和乳汁有肉眼可见的病变，病牛乳区红、肿、热、疼、硬，泌乳减少或停止，乳汁有凝块、血液或脓汁。严重者伴有发热、沉郁、心跳加快、食欲减退等全身症状。轻症者全身症状不明显，仅见乳汁呈水样絮状物。慢性病例乳房组织坚实、无弹性，乳量减少，有凝块，无全身症状。

　　牛隐性乳房炎无临床症状，乳房和乳汁无肉眼病变，乳汁变化只有通过特殊检验才能检测出来。

（二）防治

　　1.预防

　　（1）改善饲养管理，保证牛舍和牛体卫生，搞好挤乳卫生，定期进行乳头药浴（0.5%洗必泰、0.1%新洁尔灭）。

　　（2）在干乳期，向乳区注入长效抗菌剂。

　　（3）向日粮中添加左旋咪唑、维生素C和矿物质。

　　2.治疗

　　（1）乳房注药法是最常用的方法。对于急性严重的乳房炎病，挤净乳汁和用碘酊对乳头进行消毒后，用乳房导管往患区注入4毫升2%盐酸普鲁卡因，青霉素80万单位，链霉素0.5克，并轻轻按揉乳房，促进药物扩散，2～3次/天，连用3天。有全身症状者还应全身使用抗生素，如卡那霉素、洁霉素、磺胺类及喹诺酮类药物。

（2）炎症初期用冷敷法以减少渗出，48小时后改为用40～50℃的25%硫酸镁溶液进行热敷，1次/天，每次30分钟，然后用红外线照射或涂擦鱼石脂、松馏油等。

（3）乳头药浴。挤乳完毕后，用洗必泰、新洁尔灭等消毒液浸泡。

牛无乳症

关键技术

诊断：本病诊断的关键看病牛所哺乳的犊牛是否具有经常不离母牛，犊牛消瘦，母牛拒哺的特征。

防治：本病防治的关键是加强营养，及时除去病因。

牛无乳症是指母牛在产后正常泌乳期内不泌乳或乳汁严重不足，常发生于初产母牛。

（一）诊断要点

本病主要根据病牛所哺乳犊牛的临床症状，即可以做出诊断。

1.病因 妊娠后期，营养不良（精料、青草、干草及多汁饲料不足）、体质虚弱、乳腺发育不全、内分泌机能紊乱及其他全身性疾病等引起。

2.症状 产后不泌乳或乳汁极少，犊牛经常不离母牛并用头部抵撞其乳房，吮乳次数明显增加，母牛因疼痛拒哺。或犊牛因母乳不够吃而饥饿嚎叫，犊牛消瘦，发育不良。人工挤乳时无乳汁被挤出，乳房松软、变小。

（二）防治

1.预防 饲喂含蛋白等营养丰富的精料、青饲料及多汁饲料，做好乳房保健。对体质虚弱者，加具有滋补作用的中药。

2.治疗 及时针对原发病因，进行对症治疗。或中药疗法，如王不留行、穿山甲、通草、阿胶、当归、川芎、黄芪、党参、炙甘草等煎服或冲服。

牛脐炎

关键技术

　　诊断：本病诊断的关键看病牛是否具有经常拱腰、不愿行走的临床症状，尤其是脐带孔发热、充血、肿胀，并有疼痛反应。

　　防治：本病防治的关键是接产时严格消毒，注意卫生。发病后，局部治疗时，可配合全身疗法。

牛脐炎是指新生犊牛脐动脉、脐静脉及其周围组织的炎症。

（一）诊断要点

本病主要根据病牛的临床症状，即可做出诊断。

1.病因　接产时或断脐时，消毒不严；或牛之间相互吮吸脐带等致使脐部细菌感染而发炎。

2.症状　病初脐带及其周围组织发热、充血、肿胀，并有疼痛反应。犊牛经常拱腰、不愿行走。脐部可因化脓而形成瘘管，往往挤出有臭味的稠脓。若发生坏疽则脐带断端呈污红色，气味腥臭难闻。有时还可继发腹膜炎、败血症或脓毒败血症。病牛食欲减退，消化不良，高热，精神沉郁。如化脓菌及毒素沿血管侵入内脏，可引起败血症或脓毒败血症。有时可继发破伤风而引起死亡。

（二）防治

1.预防　接产时严格消毒，脐带不应结扎，涂以5%碘酊，并在出生后3天内每天涂1～2次。保持产房卫生、干燥，经常消毒等。

2.治疗

（1）早期可将患部彻底消毒后于脐孔周围皮下分点注射0.25%普鲁卡因青霉素10毫升，再涂以5%碘酊。

（2）若已化脓，则切开排脓，用3%过氧化氢溶液彻底冲洗，再用生理盐水冲洗，最后撒布磺胺粉。发生坏疽时除去所有坏死组织，用3%过氧化氢溶液彻底冲洗后，涂以5%碘酊。

（3）上述治疗方法应结合全身和对症治疗，如肌肉或静脉注射抗生素，补糖、退热、止泻、健胃等。

五、牛的外科疾病

牛创伤

牛创伤是因锐性或钝性外力作用于牛体组织，皮肤和黏膜的完整性被破坏。

（一）诊断要点

本病主要根据创伤的局部和牛的全身检查结果，即可做出诊断。

1.病因 牛体组织受外力的作用而引起。

2.症状

（1）新鲜创：一般具有出血、裂开、疼痛和机能障碍等症状。创口裂开大小和疼痛的程度以及出血量的多少，取决于创伤部位、组织性状、神经血管分布、致伤物体性质和速度及受伤的程度。如果创伤面积大、创道深且在要害部位，则可因疼痛剧烈、失血过多而引起全身反应。如黏膜苍白、脉搏微弱、呼吸急促、冷汗淋漓、四肢发凉，甚至出现休克以致死亡。

（2）感染创：创伤被细菌感染会引起明显的感染症状，如创伤局部肿胀、增温、疼痛，创腔内有脓汁，创围有脓痂。如机体吸收了坏死组织的分解产物和细菌毒素，往往会引起全身反应，严重时感染扩散引起全身性化脓性感染。

（3）肉芽创：由于炎症反应和感染化脓逐渐缓和并消退，创内出现新生的肉芽组织。肉芽表面黏附少量黏稠、灰白色的脓性分泌物。

（二）治疗

首先止血，可用压迫、钳压、结扎或注射止血药等方法。

其次，清洗受创部位。先清洁创围，用灭菌纱布覆盖后除去创围被毛及血痂，然后用75%酒精和5%碘酊对创围皮肤消毒，用消毒液洗刷创围之外的皮肤，注意勿使清洗液流入创内，洗净后用灭菌纱布擦干；揭去覆盖创面的纱布；用3%过氧化氢液或0.1%新洁尔灭溶液清洗创口后，再用生理盐水冲洗，用灭菌纱布擦干创口皮肤，再用5%碘酊和75%酒精涂擦创口及其周围皮肤。

第三，清创术。用生理盐水冲洗创面上的异物、血凝块和积液；用手术器械切除坏死组织；然后用0.1%新洁尔灭和生理盐水清洗创腔。

第四，局部用药。一般在清创后创面涂布酒精、碘酊等消毒剂，一次缝合创口；若创伤污染严重，清创后撒布青霉素粉或磺胺粉。

最后，包扎创伤。一次完全缝合的创伤要包扎，部分缝合的创伤不做严密包扎。

牛脓肿

关键技术

诊断：本病诊断的关键看病牛局部皮肤是否凸出，触诊热痛、坚实，以后有波动感或有压痛。

防治：本病防治的关键是平时加强管理。发病后，局部治疗，必要时配合全身疗法。

牛脓肿是指在牛体组织或器官内形成外有脓肿膜包裹，内有脓汁滞留的局限性脓腔。

（一）诊断要点

本病主要根据病牛的临床特征，可直接对浅在性脓肿做出诊断；结合穿刺诊断，对深在性脓肿做出诊断。

1.病因 致病菌引起的脓肿；注射时不遵守无菌操作规程而引起的注射部位脓肿。

2.症状

（1）浅在性脓肿：若为浅在性热性脓肿，初期牛体局部肿胀，界限不明显，稍高于皮肤表面。触诊局部增温，坚实，明显疼痛。以后肿胀局限化，界限清楚，液化成脓汁，中间有波动。因脓汁溶解脓肿膜和皮肤，皮肤变薄，脓肿自溃，排出脓汁。若为浅在性冷性脓肿，一般发生缓慢，牛体局部缺乏急性炎症的主要症状，虽有明显的肿胀和波动感，但缺乏温热和疼痛反应或非常轻微。

（2）深在性脓肿：由于脓肿部位较深，增温及波动不明显。但脓肿表层组织常有水肿，有压痛。脓肿常破溃，流入邻近组织，全身症状明显，影响器官功能。

（二）鉴别诊断

注意与牛血肿相区别。牛血肿患部迅速肿胀，触诊有波动或弹性感，穿刺后，有血液或混有血液的渗出液流出。而牛脓肿穿刺后无血液流出，只流出脓汁。

（三）治疗

（1）脓肿初期，局部可用0.5%普鲁卡因和青霉素溶液作病灶周围封闭，或涂擦樟脑软膏，或用冷疗法（如鱼石脂酒精冷敷）。炎症渗出停止后，可用温热疗法，局部涂擦强的刺激剂，如鱼石脂软膏或5%碘酊，以促进脓肿形成。必要时可配合全身抗生素疗法和磺胺疗法。

（2）对于已成熟但未破溃的脓肿，应及早以手术方法排脓进行治疗。常用手术方法有两种。一种是脓汁抽出法：用注射器抽取脓汁后，由同一针头以生理盐水或消毒液反复冲洗，排净冲洗液后，注入少量混有青霉素的普鲁卡因溶液。另一种方法是脓肿切开法：在脓肿波动最明显处切开排脓，然后按化脓创处理。

牛风湿症

　　牛风湿症是一种感染性变态反应引起的急性或慢性非化脓性炎症。其特征是病灶的多发性和游走性，并可反复发作。该病常侵害对称性的肌肉、关节、蹄，另外还有心脏。在寒湿地区的冬春季节发病率较高。

（一）诊断要点

　　本病诊断主要根据病牛的临床症状，结合病史，即可做出判定。

　　1.病因　本病的发病原因迄今尚未完全阐明。一般认为是一种变态反应性疾病，并与溶血性链球菌感染有关。但牛体过劳、受冷、受潮、雨淋及牛舍贼风都是引起本病的诱因。

　　2.症状　一般都有受风寒、潮湿侵袭病史或局部病灶感染史，病牛表现为发病部位的肌肉或关节疼痛，运动机能障碍。疼痛有游走性，并可随运动而减轻。腰和四肢风湿时运动不灵活，步态拘谨。颈风湿病时不能低头。急性发作时常伴体温升高。慢性风湿则病程长，反复发作，易疲劳，肌肉萎缩等。

（二）鉴别诊断

　　1.牛破伤风　有创伤史和神经兴奋性增高，浑身强直，用抗风湿药治疗无效。

　　2.牛软骨病　消化紊乱，异嗜、跛行、骨质疏松及骨变形。

（三）防治

　　1.预防　平时防止牛体过劳、受冷、受潮、雨淋及牛舍出现贼风，改善牛舍环境，以增强其抗病能力。

2.治疗

（1）全身疗法：静脉注射10%水杨酸钠和5%葡萄糖酸钙300毫升，1次/天，连用5天。也可内服阿司匹林15～35克。应用醋酸考的松等皮质激素类药物，能明显地改善风湿性关节炎的症状，但容易复发。

（2）局部治疗：如用醋炒麸皮对发病部位进行热敷，尤其是对关节风湿效果较好。

（3）抗菌消炎：利用药敏试验选择药物或选择较长时间没有使用的广谱抗菌药物。

牛腐蹄病

关键技术 ————————————

诊断：本病诊断的关键看病牛后蹄冠周围是否有红肿、坏死和黄色脓液。

防治：本病防治的关键是保持牛舍干燥清洁，避免机械损伤；发病后，加强护理，减少运动，消炎止痛。

牛腐蹄病是指以牛的蹄间皮肤和组织的腐败、有恶臭为特征的一种疾病。本病一般在春冬季多发，呈散发式，后肢发病较多。

（一）诊断要点

本病主要根据病牛蹄部的临床表现，即可确诊。

1.病因　牛舍不洁，特别是水和粪尿较多，长期浸泡蹄部；牛蹄部受到外伤又被污物感染而引起发病。

2.症状　病初，本病先发病于蹄间隙的后面，逐渐向前向后扩展以致整个蹄间隙腐烂。跛行越来越明显。开始，皮肤充血、潮红、红肿。如切开脓肿，可见有坏死组织及黄色脓液。皮肤表面溃疡，有恶臭味。此时病牛食欲下降，产乳量显著降低。

3.诊断

（1）视诊：主要观察牛蹄冠有无损伤、肿胀，蹄匣是否有畸形、裂缝、外伤以及蹄的着地负重状况；检查蹄底时，应先将其清洗，然后观察蹄叉、蹄踵、蹄尖和蹄侧壁，检查其局部是否平整或凸出，蹄支角及蹄铁装钉情况，注意有无踏伤、蹄叉腐烂或异物，必要时可拆除蹄铁进行检查。

（2）触诊：检查牛蹄踵、蹄壁和蹄冠的温度、肿胀，以及指（趾）动脉的搏动情况；如蹄部增温和指（趾）动脉亢进，表示病牛患蹄真皮的急性炎症或风湿性蹄叶炎等蹄病。用蹄钳检查蹄底和蹄壁等部位，可判断蹄的各部位有无压痛点。也可用蹄钳进行叩诊，以发现疼痛部位。

（3）被迫运动：将可疑牛的患肢提起，用手握住蹄部进行屈曲、伸展、内收、外转和往返旋转等运动，观察其疼痛反应，以判断病变部位和性质。

（二）防治

1.预防　保持牛舍干燥清洁。避免机械损伤。

2.治疗

局部治疗：用1%高锰酸钾液或2%漂白粉液清洗蹄部；或取青霉素20万单位，溶于5毫升蒸馏水中，再加入50毫升鱼肝油，搅拌均匀，涂于患部。

牛副鼻窦炎

关键技术

诊断： 本病诊断的关键看病牛单侧鼻孔是否分泌有臭味的鼻液，尤其是低头时更为明显。

防治： 本病防治的关键是尽快对症治疗，防止炎症蔓延。

牛副鼻窦炎系副鼻窦慢性炎症，并积有黏液、化脓性渗出物，而有时为化脓、腐败性渗出物，几乎都局限于单侧额窦发生病变。

（一）诊断要点

本病主要根据病牛的临床特征，结合叩诊变化，即可做出初步诊断。

1.病因

（1）本病多并发于鼻卡他，因鼻骨骨折或弯曲等机械性原因以及感冒所引起；有时由于饲料碎渣、骨片或其他异物以及真菌、棘球蚴等经开放的齿槽进入所引起。

（2）发生在其中的新生物如息肉、肿瘤以及放线菌肿、葡萄菌肿等也能引起。

2.症状　牛在发病初期，通常为单侧性鼻液，鼻液呈橘汁或脓汁样，其中往往混有血液，并带有臭味。鼻液的排出极为顽固，时多时少，但在运动之后，特别在低头时可排出大量脓液，由于蓄积脓汁和黏膜肥厚，叩诊时呈现浊音。在大多数情况下，也伴有一侧颌下淋巴结肿胀的现象。淋巴结逐渐变硬和呈结节状。本病多呈慢性经过，病程持续时间长。炎症波及脑部时，则呈现神经症状。

（二）防治

1.预防　防止口腔感染，及时消除炎症。

2.治疗　对于急性感染，可利用药敏试验选取药物，应用抗生素如青霉素进行全身治疗，连用7～15天。若为慢性，可进行穿刺、冲洗，并注入抗生素或施行圆锯术，同时应用抗生素进行全身治疗。

六、牛的传染病

牛口蹄疫

关键技术

诊断：本病诊断的关键看病牛是否具有口腔黏膜、蹄部和乳房皮肤发生水疱和溃烂的临床特征，剖检是否具有"虎斑心"。

防治：本病防治的关键是疫苗预防。若发生本病后，加强饲养管理的同时，进行对症治疗；如为恶性口蹄疫，除局部治疗外，需应用强心剂和补液。

牛口蹄疫是病毒所引起的一种急性、发热性、高度接触性传染病，俗名"牛口疮"、"牛蹄癀"。

（一）诊断要点

本病主要根据病牛临床症状，结合流行特点和病变，即可做出初步诊断。

1.流行特点 犊牛比成年牛易感，病死率也高。新流行地区发病率可达100%，老疫区发病率为50%以上。口蹄疫的发生没有严格的季节性，它可发生于一年的任何月份。一经发生往往呈流行性。卫生条件和营养状况影响本病流行，牛群的免疫状态则对本病流行的情况有着决定性的影响。

传染源主要是病牛和带毒者，当病牛和健康牛在群体相处时，病毒常借助于直接接触方式传递，这种传递方式在牧区大群放牧、集中饲养的情况下较为多见；也可通过各种媒介物而间接接触传递，如消化道（口、肠道）是最常见的感染门户，其次经损伤的黏膜和皮肤感染。近年来证明呼吸道感染更容易发生。

2.症状 牛的潜伏期平均2～4天，病牛体温升高达40～41℃，精神不振，食欲减退，流涎，咂嘴。1～2天后，在唇内面、齿龈、舌面和颊部黏膜发生蚕豆至核桃大的水疱，此时口角流涎增多，呈白色泡沫状，常常挂满嘴边，冬季往往形成冰柱。水疱约经一昼夜破裂形成浅表的红色糜烂，水疱破裂后，体温降至正常，糜烂逐渐愈合，全身症状逐渐好转，如有感染，糜烂加深，发生溃疡，愈合后形成瘢痕。

在口腔发生水疱的同时或稍后，趾间及蹄冠的柔软皮肤上表现红肿、疼痛，很快形成水疱，破溃后发生糜烂，或干燥结成硬痂，然后逐渐愈合。若发生继发性感染，糜烂部化脓、坏死，病牛站立不稳，行路跛拐，甚至蹄匣脱落。乳头皮肤有时也可出现水疱，很快破裂形成烂斑。如波及乳腺，引起乳房炎，泌乳量减少，有时乳量损失高达75%，甚至泌乳停止。

本病一般呈良性经过，约经1周即可痊愈。如果蹄部出现病变时，则病期可延至2～3周或更长。病死率很低，但病情发生突然恶化时，病牛全身虚弱，肌肉发抖，特别是心跳加快，节律失调，反刍停止，食欲废绝，行走摇摆，站立不稳，因心脏麻痹而突然倒地死亡，这种病型称为恶性口蹄疫，病死率高达20%～50%。

哺乳犊牛患病时，水疱症状不明显，主要表现为出血性肠炎和心肌麻痹，死亡率很高，病愈牛可获得一年左右的免疫力。

3.病变 本病具有特征病变是心脏病变，心包膜有弥散性及点状出血，心肌切片有灰白色或淡黄色斑点或条纹，好似老虎身上的斑纹，所以称为"虎斑心"。心脏松软，似煮肉状。另外，除口腔、蹄部的水疱和烂斑外，在咽喉、气管、支气管和前胃黏膜有时形成圆形烂斑和溃疡，上盖有黑棕色痂块。真胃和大小肠黏膜可见出血性炎症。

（二）鉴别诊断

1.牛瘟 死亡率高，传播快，呈流行性，主要是消化道黏膜发炎、出血、糜烂和坏死，并伴有腹泻。

2.牛恶性卡他热 常为散发。成年牛及幼年牛皆发。持续发热，口腔黏膜发炎和眼的损害，多数有严重的神经紊乱，发病率高。

3.传染性水疱性口炎 发生于某些地区，有季节性。口腔黏膜发生水疱，流泡沫样的口涎，间或在蹄冠和趾间皮肤上发生水疱。

（三）防治

1.预防

（1）口蹄疫常发地区要定期进行预防接种。在6月龄、12月龄各皮下注射同种毒型的疫苗1次，以后每年1次。

（2）对牛舍定期消毒，并保持清洁、通风、干燥。1%～2%的氢氧化钠、30%的草木灰水、1%～2%的甲醛溶液、0.2%～0.5%的过氧乙酸、4%的碳酸钠溶液等均能在短时间内就能杀死病毒。

2.治疗

（1）对病牛要进行精心饲养，加强护理，给予柔软的饲料。对病情较重者，应投喂麸糠、稀粥、米汤或其他稀糊状食物。同时多垫软草，供给充足的饮水。

（2）口腔可用清水、食醋或0.1%的高锰酸钾洗漱，糜烂面上可涂以1%～2%明矾或碘酊甘油，也可用冰硼散。蹄部可用3%红药水或来苏尔洗涤，擦干后涂松馏油或鱼石脂软膏等，再用绷带包扎。乳房可用肥皂水或2%～3%硼酸水洗涤，然后涂以青霉素软膏或其他防腐软膏，定期将奶挤出，以防发生乳房炎。

（3）恶性口蹄疫病牛除局部治疗外，可用强心剂和补剂，如安钠咖、葡萄糖盐水等。用结晶樟脑口服，每天2次，每次5～8克。

牛瘟

关键技术 ────────────────────────────

　　诊断：本病诊断的关键看病牛是否具有体温升高、病程短，黏膜特别是消化道黏膜发炎、出血、糜烂和坏死等临床症状。

　　防治：本病防治的关键是疫苗预防，目前尚无治疗牛瘟特效药物。

牛瘟是由牛瘟病毒所引起的一种急性高度接触性传染病，又名牛烂肠瘟、牛胆胀瘟。

（一）诊断要点

本病主要根据病牛症状和病变，结合流行特点，即可做出初步诊断，确诊需要进行实验室诊断。

1.流行特点 牛最易感，因品种不同而导致易感性也有差异。在我国，牦牛的易感性最高，本病在我国已被消灭，本病病毒也可能随种牛带入，要严加注意进口检疫。传播途径为病、健牛的直接或间接接触，经吸入含病毒的飞沫或采食污染的饲料、饮水而感染，还可通过吸血昆虫传播。患牛瘟的妊娠母牛，也可能使胎儿在子宫内感染。本病发生无明显季节性，多呈流行性。发病急，传播快，病死率高。

2.症状 潜伏期3～10天。本病典型病例取急性经过，表现为病初体温升高（达41～42℃），精神委顿，厌食或绝食，常有咳嗽，饮欲增加，眼结膜高度充血。眼睑肿胀，流浆液性甚至黏脓性分泌物，结膜表面可能形成伪膜。鼻镜干燥，常发生龟裂，其上覆以黄绿色痂皮。鼻黏膜充血潮红，有出血点，鼻流黏液后变为脓性的鼻汁。流涎，口腔黏膜充血发红，尤以口角、颊内面和硬腭部明显，并在其表面出现灰色或黄白色粟粒大突起，好像在黏膜面撒布一层麸皮。不久小突起逐渐增大，中央坏死，并互相融合，形成灰色或灰黄色伪膜，脱落后露出边缘不规则极易出血的烂斑为其特征。

病牛继排软便后出现腹泻，并伴有腹痛。排污灰色或暗绿色恶臭粪便，混有血液、黏液、黏膜片或伪膜。恶性病例腹泻加剧，常带血液，后期大便失禁。病牛呼吸困难，严重脱水、消瘦。孕牛常流产。死亡常见于6～12天，死亡率为50%～90%。

3.病变 以消化道黏膜，特别是口腔、第四胃、大肠的黏膜发生炎症和坏死为其特征。口腔黏膜病变一般在下唇、颊部、口角内面及舌体游离端的腹侧，均可见到充血、伪膜及烂斑等变化。真胃黏膜，特别是幽门部的黏膜充血、肿胀，布满砖红色至暗绿色的条纹和斑点，黏膜下层炎性水肿，使皱襞增厚，切面呈胶冻样。病后期，黏膜上出现坏死灶。胃壁上特别在皱襞的顶部覆有纤维素性伪膜和烂斑。大肠和小肠黏膜充血、潮红、肿胀、坏死及有多数出血点和出血斑。特别是十二指肠、盲肠和直肠黏膜的变化较严重。胆囊肿大，其内充满稀薄胆汁，黏膜有小出血点或溃疡。

呼吸道黏膜潮红肿胀，有点状和条状出血。鼻腔、喉头和气管黏膜上覆有伪膜及烂斑。

（二）鉴别诊断

1.牛巴氏杆菌病 急性病牛是以败血症和炎性出血为主要特征，慢性病牛的病变为皮下、关节和各脏器局灶性炎症的临床特征。

2.牛病毒性腹泻黏膜病 黏膜发炎、糜烂、坏死和腹泻为临床特征，病程短，死亡率高。

3.牛恶性卡他热 常为散发。成年牛及幼年牛皆发。持续发热，口腔黏膜发炎，两眼有弥漫性角膜炎，多数有严重的神经紊乱，发病率高。

4.牛口蹄疫 发病较牛瘟快，但多取良性经过。主要症状是齿龈、舌面、颊的内面发生水疱，水疱破溃后形成烂斑。口流带泡沫的黏液。

（三）防治

1.预防

（1）不从有牛瘟的国家和地区引进反刍兽和鲜肉。

（2）在疫区和邻近受威胁区用疫苗进行预防接种。疫苗有：牛瘟兔化疫苗、牛瘟山羊化兔化弱毒疫苗、牛瘟兔化绵羊化弱毒疫苗等。有资料报道，使用麻疹疫苗可以预防牛瘟。

2.治疗 目前尚无治疗牛瘟的有效药物。当发现牛瘟病例时，立即封锁疫区，捕杀病牛，并做无害化处理，对被病牛污染的环境进行彻底消毒。早期静脉注射抗牛瘟高免血清，常可收到治疗效果。

牛炭疽

关键技术

诊断：本病诊断的关键看病牛是否具有全身症状，天然孔出血，血液凝固不良，呈煤焦油状临床特征。

防治：本病防治的关键是疫苗预防，应用抗菌药物或高免血清进行治疗有效。

牛炭疽是由炭疽杆菌引起牛的一种急性、热性、败血性传染病。

（一）诊断要点

本病根据病牛的临床症状，结合本病流行特点，进行综合分析，即可做出初步诊断，确诊需要进行实验室诊断。

1.流行特点 炭疽杆菌的主要传染源是病牛。本病主要经消化道（如口、肠）感染，常因采食污染的饲料或饮水而感染。其次是通过皮肤感染，主要由吸血昆虫叮咬而致。此外，还可通过呼吸道感染。本病多发于气温高、雨水多的湿热季节。

2.症状 本病潜伏期一般为1~5天。

（1）最急性型：病牛表现为突然昏迷、倒卧，呼吸困难，可视黏膜发绀，全身战栗、心悸。濒死期天然孔出血。病程数分钟至数小时。

（2）急性型：最常见，体温上升到42℃，食欲减退，突然死亡。有的精神不振，食欲反刍停止，战栗，呼吸困难，黏膜呈蓝紫色或有小点出血。初便秘，后腹泻带血，有时腹痛，尿暗红，有时混有血液。有的病牛初期兴奋不安顶撞人畜或物体，吼叫等。泌乳停止，孕牛可发生流产。濒死期体温下降，气喘，天然孔流血，痉挛，一般1~2天死亡。

（3）亚急性型：病情较缓，在喉部、颈部、胸前、腹下、肩胛或乳房等部皮肤、直肠或口腔黏膜等处发生局限型炎性水肿。初期硬固有热痛，后变冷而无痛，中央部可发生坏死，有时可形成溃疡，可经数周痊愈。有时可转为急性。病程数日至1周以上。

3.病变 急性牛炭疽为败血症病变。病牛腹胀明显，尸僵不全，天然孔有黑色血液，黏膜发绀，血液不凝呈煤焦油状。全身多发性出血，皮下、肌间、浆膜下胶样水肿。脾肿大2~5倍，脾髓软化如糊状，切面呈砖红色，出血。肠道出血性炎症，有的在局部形成痈。

（二）鉴别诊断

1.牛巴氏杆菌病 各种日龄的牛都可发病，呈散发，主要在头颈和咽喉形成炎性肿胀，硬固，有热痛，无捻发音。

2.牛气肿疽 常见于老疫区和6个月至4岁的牛，炎热及多雨的夏季发生较多。呈地方性流行。肌肉丰满部发生炎性气性肿胀，触诊柔软，有捻发音，并有跛行。

3.牛恶性水肿 常发于外伤或分娩之后，肿胀部位不定，为气肿性，无痛厥冷，触诊柔软且捻发音，但不如气肿疽明显，并有血液凝固不良症状。

（三）防治

1.预防　一月龄内皮下注射无毒炭疽芽孢苗或炭疽第二号芽孢苗，以后每年1次。常用消毒药20%漂白粉溶液与10%烧碱溶液。

2.治疗

（1）可选用青霉素、链霉素及喹诺酮类等广谱抗生素。磺胺类药以磺胺嘧啶较好。

（2）炭疽免疫血清是治疗病牛的特效生物制剂，皮下或静脉注射，必要时于12小时后再注射1次。

牛恶性卡他热

关键技术

诊断：诊断的关键看病牛是否具有持续发热，各处黏膜发炎，死亡率高。

防治：本病防治的关键是平时做好环境卫生，增强机体抵抗力。对本病尚无特效治疗方法，对病牛实施对症治疗，以防止并发症和激发感染。

牛恶性卡他热是牛的一种病毒性传染病，有持续发热，口腔黏膜发炎和眼的损害，多伴有严重的神经紊乱，病死率很高的临床特征，亦称牛恶性头卡他。

（一）诊断要点

本病主要根据本病流行特点、病牛症状和病变，即可做出初步诊断，确诊需要进行实验室诊断。

1.流行特点　在自然情况下主要发生于黄牛和水牛，其中1～4岁的牛较易感，老牛发病者少见，经验证明，此病多不能由病牛直接传递给健康牛，而认为绵羊无症状带毒是牛群中暴发本病的来源。许多工作者早就注意到，发病牛多与绵羊有接触史。本病一年四季均可发生，多见于冬季和早春，多呈散发，有时呈现地方性流行。多数地区发病率较低，而病死率可高达60%～90%。病愈牛多无抵抗再感染的能力。

2.症状 自然感染的潜伏期，长短变动很大，一般4~20周或更长，更多见的是28~60天。人工感染犊牛通常10~30天。恶性卡他热已经报道有几种病型，即最急性型、消化道型、头眼型、良性型及慢性型等。

最初症状有高热稽留（41~42℃），肌肉震颤，寒战，食欲锐减，瘤胃弛缓，泌乳停止，呼吸及心跳加快，鼻镜干热等。呈最急性经过的病牛可能在此时即行死亡。高热同时还伴有鼻眼少量分泌物，一般在第二天以后，口腔与鼻腔黏膜充血、坏死及糜烂。数天后，鼻孔前端分泌物变为黏稠脓样，在典型病牛中，形成黄色长线状物直垂于地面。这些分泌物干固后，聚集在鼻腔，妨碍气体通过，引起呼吸困难。口腔黏膜坏死及糜烂，并流出带有臭味黏液。畏光、流泪、眼睑闭合，继而出现虹膜睫状体炎和进行性角膜炎，可能在8小时内变得完全不透明，也有进行迟缓的。如蔓延到牛角骨床，则牛角松离，甚至脱落，体表淋巴结肿大。白细胞减少。初便秘，后拉稀，排尿频繁，有时混有血液和蛋白质。母牛阴唇水肿，阴道黏膜潮红、肿胀。有些病牛可发生神经症状。病程较长时，皮肤出现红疹、小疱疹等。

最急性型，病程短至1~3天，不表现特征症状而死亡。消化道型常取死亡的结局。头眼型常伴发神经紊乱，预后不良。一般病程为4~14天，病程轻微时可以恢复，但常复发，病死率很高。

3.病变 最急性病牛没有或只有轻微变化，可以见到心肌变性，肝脏和肾脏稍肿，脾脏和淋巴结肿大，消化道黏膜特别是真胃黏膜有不同程度发炎。

头眼型以类白喉型坏死性变化为主，可能由骨膜波及骨组织，特别是鼻甲骨、筛骨和角床的骨组织。喉头、器官和支气管黏膜充血，有小点出血，也常覆有假膜。肺充血及水肿，也见有支气管肺炎。

消化道型以消化道黏膜变化为主。真胃黏膜和肠黏膜出血性炎症，有部分形成溃疡。在较长的病程中，泌尿生殖器官黏膜也呈炎症变化。脾正常或中等肿胀，肝、肾稍肿，胆囊有时充血、出血，心包和心外膜有小点出血，脑膜充血，有浆液性浸润。

（二）鉴别诊断

本病应与牛瘟、牛病毒性腹泻黏膜病、口蹄疫等病鉴别，见牛瘟的鉴别诊断。

（三）防治

目前对本病尚无特效治疗方法，也无疫苗。主要是注意环境卫生，增强机体抵抗力外，在流行地区应避免牛与绵羊接触。对病牛实施对症治疗，以防止并发症和继发感染。

牛肺疫

关键技术

诊断：关键看病牛是否具有干咳，受寒冷刺激或增加运动时，咳嗽增多，叩诊胸部，患侧肩胛骨后有浊音或实音区，听诊音有异常。典型病变是大理石样肺或浆液纤维素性胸膜肺炎。

防治：防治的关键是根除传染源和疫苗预防。发病后肌肉注射抗生素或磺胺药，同时对症治疗如祛痰止咳、降温。

牛肺疫是由支原体所致牛的一种特殊的传染性肺炎，以纤维素性胸膜肺炎为主要特征，又称牛传染性胸膜肺炎。

（一）诊断要点

本病主要根据病牛的症状和病变，即可做出初步诊断，确诊需要进行实验室诊断。

1.流行特点　传染源主要是病牛及带菌牛。自然感染主要传播途径是呼吸道（如鼻腔），也可通过被病牛尿污染的饲料、干草，经口感染。年龄、性别、季节和气候等因素对易感性匀无影响。

2.症状　潜伏期一般为2～4周，症状发展缓慢者，在冷空气或冷饮刺激或运动时，发生短干咳嗽，开始咳嗽次数不多而逐渐增多，继之食欲减退，反刍迟缓，泌乳减少。症状发展迅速者则以体温升高0.5～1℃开始。随病程发展，症状逐渐明显。按其经过可分为急性和慢性两型。

（1）急性型：症状明显且有特征性，体温升高到40～42℃，呈稽留热，干咳，呼吸加快而有呻吟声，鼻孔扩张，前肢外展，呼吸极度困难。由于胸部疼痛不愿行动或下卧，呈腹式呼吸。咳嗽逐渐频繁，常是带有疼痛短咳，咳声弱而无力，低沉而潮湿。有时流出浆液性或脓性鼻液，可视黏膜发绀。呼吸困难加重后，叩诊胸部，患侧肩胛骨后有浊音或实音区，上界为一水平线或微凸曲线。听诊患部，可听到湿性罗音，肺泡音减弱乃至消失，代之以支气管呼吸音，无病变部分则呼吸音增强，有胸膜炎发生时，则可听到摩擦音，叩诊可引起疼痛。病后期，心脏常衰弱，脉搏细弱而快，每分钟可达80～120次，有时因胸腔积液，心音微弱或不能听到。此外还可见到胸下部及肉垂水肿，食欲丧失，泌乳停止，尿量减少而比重增加，便秘与腹泻交替出现。病牛体况迅速衰弱，眼球下陷，眼无神，呼吸更加困难，常因窒息而死。急性病程一般在症状明显后经过5～8天，约半数取死亡转归，有些患牛病势趋于静止，全身状态改善，体温下降、逐渐痊愈。有些患牛则转为慢性，整个急性病程为15～60天。

（2）慢性型：多数由急性转来，也有开始即取慢性经过者。除体况消瘦，多数无明显症状。偶发干性短咳，叩诊胸部可能有实音区。消化机能紊乱，食欲反复无常，此种病牛在良好护理及妥善治疗下，可以逐渐恢复，但常成为带菌者。若病变区域广泛，则病牛日益衰弱，预后不良。

3. 病变　本病特征性病变主要在牛胸腔。典型病例是大理石样肺或浆液纤维素性胸膜肺炎。肺和胸部的变化，按其发生发展过程，分为初期、中期和后期三个时期。

初期牛病变以小叶性支气管肺炎为特征。肺炎灶充血、水肿，呈鲜红色或紫红色。中期呈浆液性纤维素性胸膜炎，肺肿大、增重，呈灰白色，多为一侧性，以右侧较多，多发生在隔叶，也有在心叶或尖叶者。切面有奇特的图案色彩，犹如多色的大理石，这种变化是由于肺的实质呈不同时期的肝变所致。肺间质水肿变宽，呈灰白色，淋巴管扩张，也可见到坏死灶。胸膜增厚，表面有纤维素性附着物，多数病例的胸腔内积有淡黄透明或浑浊液体。多的可达1 000～2 000毫升，内杂有纤维素凝块或凝片，胸腔常见有出血，肥厚，并与肺病部黏连、肺膜表面有纤维素性附着物、心包膜也有同样变化，心包内有积液，心肌脂肪变性，肝、脾、肾无特殊变化，胆囊肿大。后期肺部病灶坏死，被结缔组织包围，有的坏死组织崩解（液化），形成脓腔或空洞，有的病灶完全瘢痕化，本病病变还可见腹膜炎、浆液性纤维素性关节炎等。

（二）鉴别诊断

1. 牛巴氏杆菌病　各种日龄的牛都可发病，呈散发，肺炎型病牛呼吸困难，出现急性纤维素性胸膜肺炎症状，常有干性痛性咳嗽。

2.牛肺结核病 多呈散发，无明显的季节性，潮湿地带易于发病。比牛肺疫发病缓慢，体温一般正常或呈弛张热，主要表现为渐进性消瘦、咳嗽、肺部异常、慢性乳腺炎、顽固性下痢、体表淋巴结慢性肿胀的临床特征。

3.牛支气管肺炎 弛张热，短钝的痛咳，胸部叩诊呈局灶性浊音，听诊有捻发音，肺泡音减弱或消失。

4.牛大叶性肺炎 稽留热，病程发展迅速，胸部叩诊浊音区扩大，听诊肝变区有明显的支气管呼吸音，并往往有铁锈色鼻液。

5.牛坏疽性肺炎 呼出气体恶臭，鼻液恶臭且污秽不洁，叩诊局限性鼓音和破壶音。

6.牛霉菌性肺炎 从鼻孔流出污绿色黏液，黏膜苍白或发绀。

（三）防治

1.预防

（1）根据疫区的实际情况，捕杀病牛和与病牛有过接触的牛，同时在疫区及受威胁区每年定期接种牛肺疫兔化弱毒苗或兔化绵羊化弱毒苗，连续3～5年。

（2）常用2%来苏水或10%～20%石灰乳消毒。

2.治疗

（1）按5～10毫克／千克体重的盐酸土霉素，进行肌肉注射，1次／天，连用7天。

（2）按10毫克／千克体重的"914"，一次性静脉注射，4～7天注射1次，一般不超过3次。

（3）链霉素、红霉素、卡那霉素、泰乐菌素、喹诺酮类药物治疗本病，也有疗效。

牛传染性鼻气管炎

关键技术

诊断：本病诊断的关键看病牛是否鼻道、气管黏膜发炎、咳嗽、发热、流鼻汁和呼吸困难，生殖系统感染的临床特征，有时伴有结膜炎、脑膜炎或肠炎。

防治：本病防治的关键是加强检疫和疫苗预防。发病后，病健隔离，对病牛应用抗病毒、抗感染治疗的同时，祛痰止咳，加强饲养护理。

牛传染性鼻气管炎是由鼻气管炎病毒引起牛的急性、热性、接触性传染病。该病毒还可引起牛的生殖道感染、结膜炎、脑膜炎、流产、乳房炎等其他类型的疾病。它可延缓肥育牛群的生长和增重。

（一）诊断要点

本病主要根据病牛的临床症状和病变，即可做出初步诊断，确诊需要进行实验室诊断。

1.流行特点　本病主要感染肉牛和奶牛，有时肉牛群的发病率高达75％，其中20～60日龄的犊牛最为易感，病死率也较高。

病牛和带毒牛为主要传染源，常通过空气经呼吸道传染，交配也可以传染。本病多发于寒冷季节，牛群过分拥挤，密切接触，可促进本病的传播。潜伏期一般为4～6天，有时可达20天以上。

2.症状　本病症状表现为多种类型。

（1）呼吸道型：通常于每年较冷的月份出现，病情有的较轻微甚至不被觉察，也可能极严重。急性病牛可侵害整个呼吸道，对消化道的侵害较轻些。病初发高热至39.5～42℃，精神极度沉郁，拒食，有大量黏液脓性鼻漏，鼻黏膜高度充血，出现浅溃疡，鼻窦及鼻镜因组织高度发炎而称为"红鼻子"。有结膜炎及流泪。常因炎性渗出物阻塞而发生呼吸困难及张口呼吸。因鼻黏膜的坏死，呼气中常有臭味。呼吸常加快，常有深部支气管性咳嗽。有时可见带血的稀便。重型病牛数小时即可死亡；大多数病程10天以上，但病死率在10％以下。

（2）生殖道感染型：由配种传染。潜伏期1～3天。可发生于母牛及公牛。病初发热，病牛精神沉郁，食欲废绝。频尿，有痛感。产乳稍降，阴门阴道发炎充血，阴道底面上有不等量黏稠无臭的黏液性分泌物。阴门黏膜上出现小的白色病灶，可发展成脓疱，大量小脓疱使阴户前庭及阴道壁形成广泛的灰色坏死膜，当擦掉或脱落后遗留发红的擦破表皮，急性期消退时开始愈合，经1～2周痊愈。公牛感染时潜伏期2～3天。精神沉郁、不食。生殖道黏膜充血，轻症1～2天后消退、恢复；严重的病例发热，包皮、阴茎上发生脓疱，随即包皮肿胀及水肿，尤其当有细菌继发感染时更重，一般出现临诊症状后10～14天开始恢复，偶有公牛不表现症状而有带毒现象，曾于精液中分离出病毒。

（3）脑膜脑炎型：主要发生于犊牛。体温升高达40℃以上。犊牛共济失调，沉郁，随后兴奋、惊厥，口吐白沫，最终倒地，角弓反张，磨牙，四肢划动，病程短促，多归于死亡。

（4）眼炎型：一般无明显全身反应，有时也可伴随呼吸型出现。主要症状是结膜角膜炎。表现结膜充血、水肿，并可形成粒状灰色的坏死膜。角膜轻度浑浊，但不出现溃疡。眼、鼻流出浆液脓性分泌物。很少引起死亡。

（5）产型：一般认为是病毒呼吸道感染后，经血液循环进入胎膜、胎儿所致。胎儿感染为急性过程，7～10天后以死亡告终，再经24～28小时排出体外。因组织自溶，难以证明有包涵体。

3.病变　呼吸型时，呼吸道黏膜（包括咽喉、气管及大支气管）高度发炎，有浅溃疡，其上被覆腐臭黏液脓性渗出物，可能有成片的化脓性肺炎。呼吸道上皮细胞中有核内包涵体，于病程中期出现。常有第四胃黏膜发炎及溃疡。大小肠可有卡他性肠炎。脑膜脑炎的病灶呈非化脓性脑炎变化。流产胎儿肝、脾有局部坏死，有时皮肤有水肿。

（二）防治

1.预防　平时加强饲养管理、严格检疫制度、加强冻精检疫和监督管理，不从发病地区引进种牛。在老疫区5～7月龄犊牛需注射疫苗。

2.治疗　本病无特效疗法，及时隔离病牛，最好捕杀。

牛巴氏杆菌病

关键技术

诊断： 本病诊断的关键看急性病牛是否以败血症和炎性出血过程为主要特征，慢性病牛的病变为皮下、关节和各脏器局灶性炎症的临床特征。

防治：本病防治的关键是平时要搞好牛舍清洁卫生。发病后，应立即采取病健隔离，对病牛应用抗菌药物的同时，加强饲养管理。

牛巴氏杆菌病是主要由多杀性巴氏杆菌所引起的传染病，又名牛出血性败血症。

（一）诊断要点

本病主要根据病牛的临床症状和剖检变化，结合本病流行病学特点，即可做出诊断，确诊有赖于细菌学检查。

1.流行特点 本病分布广泛，世界各地均有发生，一般为散发型。本病的发生无明显的季节性，但以冷热交替、气候剧变、闷热、潮湿、多雨的时期发生较多。牛群中发生巴氏杆菌病时，往往查不出传染源。一般认为牛在发病前已经带菌。在较差的饲养环境中，由于天气剧变、潮湿、拥挤、圈舍通风不良、营养缺乏、饲料突变、过度疲劳、长途运输、寄生虫病等诱因，牛体抵抗力降低时，病菌即可乘机侵入体内。通过消化道（如口、肠道）和呼吸道（如鼻和气管）而感染，也可通过吸血昆虫的叮咬和皮肤、黏膜的伤口传染。

2.症状 本病潜伏期2～5天。从症状上可分为败血型、浮肿型和肺炎型。

（1）败血型：表现为高烧（41～42℃），鼻镜干燥，结膜潮红，食欲废绝，反刍、泌乳停止，腹痛，下痢，粪便初为粥状，后呈液状，其中混有黏液、黏膜片及血液，具有恶臭，有时鼻孔内和尿中有血。拉稀开始后，体温随之下降，迅速死亡。病期多为12～24小时。

（2）浮肿型：除呈现全身症状外，在颈部、咽喉部及胸前 皮下结缔组织，出现迅速扩展的炎性水肿，初热痛而发硬，后无热，痛疼轻。同时伴发舌及周围组织的高度肿胀，舌伸出齿外，呈暗红色。病牛呼吸高度困难，皮肤和黏膜普遍发绀。常因窒息而死，病期多为12～36小时。

（3）肺炎型：表现为纤维素性胸膜肺炎症状，呼吸困难，有痛苦的干咳，鼻汁如泡沫样，后呈脓性。病牛便秘，有时下痢，并混有血液。病程3～7天，常因衰竭死亡。

3.病变

（1）败血型：病变表现为内脏器官出血，在黏膜、浆膜以及肺、舌、皮下组织和肌肉，都有出血点。脾脏无变化，或有小出血点。肝脏和肾脏实质变性。淋巴结显著水肿。胸腹腔内有大量渗出液。

（2）浮肿型：病变表现为在咽喉部或颈部皮下，有时延及肢体部皮下有浆液浸润，切开水肿部流出深黄色透明液体，间或夹杂有出血。咽周围组织和会厌软骨韧带呈黄色胶样浸润，咽淋巴结和前颈淋巴结高度急性肿胀，上呼吸道黏膜卡他性潮红。

（3）肺炎型：病变表现为胸膜炎和格鲁布性肺炎。胸腔中有大量浆液性纤维素性渗出液。整个肺有不同肝变期的变化，小叶间淋巴管增大变宽，肺切面呈大理石状。有些病例由于病程发展比较迅速，在较多的小叶里同时发生相同阶段的变化；肺泡里有大量红细胞，使肺病变呈弥漫性出血现象。病程进一步发展，可出现坏死灶，呈污灰色或暗褐色，通常无光泽。有时有纤维素性心包炎和腹膜炎，心包与胸膜粘连，内含有干酪样坏死物。

（二）鉴别诊断

1.炭疽　肿胀除了发生于颈部和胸前外，其他部位常见，濒死时，常见天然孔出血，血液呈煤焦油状，血液凝固不良，死后尸僵不全。

2.气肿疽　常见于老疫区和6个月至4岁的牛，炎热及多雨的夏季发生较多。呈地方性流行。肌肉丰满部发生炎性气性肿胀，触诊柔软，有捻发音，并有跛行。

3.恶性水肿　常发于外伤或分娩之后，肿胀部位不定，为气肿性，无痛厥冷，触诊柔软且捻发音不如气肿疽明显，并有血液凝固不良症状。

（三）防治

1.预防　每年定期针对当地常见的相同血清群菌株制成的疫苗进行预防接种。常用5%或10%石灰乳进行消毒。

2.治疗

（1）发生本病时，及时将病牛隔离，对发病牛群还应实行封锁，做好消毒。同群的假定健康牛，可用高免血清进行紧急预防注射，隔离观察1周后，如无新病例出现，再注射疫苗。如无高免血清，也可用疫苗进行紧急预防接种，但应做好潜伏期病牛发病的紧急抢救准备。

（2）青霉素、链霉素、四环素族抗生素或磺胺类药物有一定疗效。如将抗生素和高免血清联用，则疗效更佳。

牛气肿疽

关键技术

诊断： 本病诊断的关键看病牛是否突然发病，体温升高，行动困难，并有跛行，肌肉丰满部位发生气性肿胀，按压患部有捻发音的临床症状。

防治： 本病防治的关键是平时进行疫苗预防。若发病后，应立即采取病健隔离、消毒处理和对病牛应用抗菌药物治疗。

牛气肿疽是由气肿疽梭菌引起的反刍动物的一种急性、热性、败血性传染病，以肌肉丰满部位发生气性肿胀，按压患部有捻发音为特征，又称牛黑腿病。

（一）诊断要点

本病主要根据病牛临床症状，结合病变，即可做出初步诊断，确诊有赖于细菌学检查。

1.流行特点 病牛是传染源。多因被污染的泥土、草料、饮水而经口腔和咽喉创伤侵入组织，也可由松弛或受伤的胃肠黏膜侵入血液。另外吸血昆虫叮咬也可感染本病。本病以4岁内的幼牛发病最常见，炎热及多雨的夏季发生较多。呈地方性流行。

2.症状 潜伏期为3～5天，常突然发病，精神沉郁，独静一隅，体温升高至41～42℃，食欲和反刍停止，结膜潮红，呈现跛行。不久即在股、臀、肩等肌肉丰满的部位出现界限不明显的炎性气性肿胀，初期有热痛，数小时后变冷且无知觉，产生大量气体，并沿皮下和肌间向四周扩散。肿胀局部皮肤干硬呈暗红或黑色，叩之如鼓音，压之有捻发音。切开肿胀部，从切口流出污红色带泡沫的酸臭液体，肌肉呈黑红色。肿胀常向四周蔓延，病牛全身症状迅速恶化，呼吸困难，结膜发绀。体温下降，如不及时治疗，常于1～2天内死亡。

3.病变　病牛尸体只表现轻微的腐败变化，但因为皮下结缔组织气肿及瘤胃膨胀而尸体显著膨胀。又因肺脏在濒死期发生水肿，往往从鼻孔流出血样泡沫，肛门与阴道中也流出血样液体。在肌肉丰厚部位如股、肩、腰等部肿胀，肿胀可从患部肌内扩散至邻近的部位。患部皮肤正常或发生坏死，皮下组织呈红色或金黄色胶冻样浸润，有的部位夹杂有出血或小气泡。肿胀部的肌肉潮湿或特别干燥，呈海绵状，有刺激性酸败气味，触之有捻发音，切面呈一致污棕色或有灰红色、淡黄色和黑色条纹，肌纤维束张裂。如病程较长，患部肌肉组织坏死性病变明显。胸腹腔有暗红色浆液，心包液暗红而增多。心脏内外膜有出血斑，心肌变性，色淡而脆。肺小叶间水肿，淋巴结急性肿胀和出血性浆液性浸润。

（二）鉴别诊断

本病易与恶性水肿、牛巴氏杆菌病、炭疽混淆，鉴别诊断见牛巴氏杆菌病。

（三）防治

病牛应立即隔离治疗，对受威胁的牛群进行紧急接种。

1.预防　肿疽明矾菌苗或气肿疽甲醛菌苗5毫升，免疫期6个月。对6个月以下的牛，满6个月时，再注射一次。做到定期消毒，杀灭昆虫。

2.治疗

（1）抗生素疗法。若应用青霉素治疗时，因本菌对青霉素有较强的抵抗力，首次量要大。肌肉注射100万单位，2次／天；或静脉注射10%磺胺嘧啶溶液100～200毫升，2次／天。

（2）若需强心，静脉注射樟脑酒精葡萄糖溶液200～300毫升；若纠正酸中毒，静脉注射5%葡萄糖生理盐水或5%碳酸氢钠溶液500～800毫升。

牛布氏杆菌病

关键技术

诊断：本病诊断的关键看病母牛是否不孕或易于妊娠6～8个月流产，病公牛发生睾丸炎、附睾炎。

防治：本病防治的关键是疫苗预防。发病时，应用抗生素药物治疗，加强病牛粪尿的管理。

牛布氏杆菌病是由布氏杆菌引起的一种人畜共患病，以生殖器官发炎而引起流产和不育为主要特征。

（一）诊断要点

本病主要根据病牛的症状，结合本病流行特点，即可做出初步诊断，确诊需要进行实验室诊断。

1.流行特点 本病的传染源是病牛及带菌动物（包括野生动物）。牛的易感性似是随性成熟年龄接近而增高。本病的主要传播途径是消化道（如口和肠道），因采食污染的饲料或饮水而感染。但经皮肤感染也有一定重要性，曾有实验证明，通过无创伤的皮肤，使牛感染成功，如果皮肤有创伤，则更易为病原菌侵入。其他如通过结膜、交媾，也可感染。吸血昆虫也可通过叮咬来传播本病。

2.症状 牛的潜伏期2周至6个月。母牛最显著的症状是流产。流产可以发生在妊娠的任何时期，最常发生在6~8个月，已经流产过的母牛如果再流产一般比第一次流产时间要迟。流产时除在数日前表现分娩预兆象征，如阴唇乳房肿大，荐部和胁部下陷，以及乳汁呈初乳性质等外，还有生殖道的发炎症状，即阴道黏膜发生粟粒大红色结节，由阴道流出灰白色或灰色黏性分泌物。流产时，胎水多清朗，但有时浑浊含有脓样絮片。常见胎衣滞留，特别是妊娠晚期流产者。流产后常继续排出污灰色或棕红色分泌液，有时恶臭，分泌液迟至1~2周后消失。

早期流产的胎儿，通常在产前已经死亡。发育比较完全的胎儿，产出时可能存活但衰弱，不久死亡。公牛有时可见阴茎潮红肿胀，更常见的是睾丸炎及附睾炎。急性病例则睾丸肿胀疼痛。还可能有中度发热与食欲不振，以后疼痛逐渐减退，约3周后，通常只见睾丸和附睾肿大，触之坚硬。临床上常见的症状还有关节炎，甚至可以见于未曾流产的，关节肿胀疼痛，有时持续躺卧。通常是个别关节患病，最常见于膝关节和腕关节。腱鞘炎比较少见，滑液囊炎特别是膝滑液囊炎则较常见。有时有乳房炎的轻微症状。

流产胎衣不滞留，则病牛迅速康复，又能怀孕，但以后可能再度流产。如胎衣未能及时排出，则可能发生慢性子宫炎，引起长期不孕。但大多数流产牛经2个月后可以再次受孕。

在刚感染的牛群中，大多数母牛都将流产1次。如在牛群中不断加入新牛，则疫情可能长期持续，如果牛群不更新，由于流产过1～2次的母牛可以正产，疫情似是静止，再加以饲养管理得到改善，病牛也可能有半数自愈。但这种牛群绝非健康牛群，不仅易感牛只增多，还可引起大批流产。

3.病变 牛胎衣呈黄色胶冻样浸润，有些部位覆有纤维蛋白絮片和脓液，有的增厚而夹杂有出血点。绒毛叶部分或全部贫血呈苍黄色，或覆有灰色或黄绿色纤维蛋白或脓液絮片或覆有脂肪状渗出物。胎儿胃特别是第四胃中有淡黄色或白色黏液絮状物，肠胃和膀胱的浆膜下可能见有点状或线状出血。淋巴结、脾脏和肝脏有程度不等的肿胀，有的散有炎性坏死灶，脐带常呈浆液性浸润、肥厚。胎儿和新生犊可能见有肺炎病灶。公牛生殖器官精囊内可能有出血点和坏死灶。睾丸和附睾可能有炎性坏死灶和化脓灶。

（二）鉴别诊断

牛布氏杆菌病的明显症状是流产，须与发生相同症状的疾病鉴别，如弯杆菌病、胎毛滴虫病、钩端螺旋体病、乙型脑炎、衣原体病以及弓形体病等都可能发生流产，鉴别的主要关键是病原体的检出及特异抗体的检测。

（三）防治

1.预防

（1）自繁自养，引进种牛或补充牛群时，要严格检疫。即将牛隔离饲养2个月，同时进行布氏杆菌的检查，全群2次免疫，生物学检查阴性者，才可以与原有牛接触。洁净的牛群，还应定期检疫（至少1年1次），一经发现阳性者，即应淘汰。

（2）接种猪布氏杆菌2号弱毒活苗（简称猪型2号苗）或马耳他布氏杆菌5号弱毒活苗（简称羊型5号苗）。

2.治疗 应用青霉素、多黏菌素B及磺胺类药物进行治疗，或可选择其他敏感药物。若同时使用两种抗生素效果更好。

牛结核病

关键技术

　　诊断：本病诊断的关键看病牛是否具有不明原因的渐进性消瘦、咳嗽、肺部结核结节和干酪样坏死、慢性乳腺炎、顽固性下痢、体表淋巴结慢性肿胀等症状。

　　防治：本病防治的关键是疫苗预防。发病后，捕杀、销毁。

　　结核病是由结核分枝杆菌引起的一种人畜共患慢性传染病，其特征是病牛逐渐消瘦，在组织器官内形成结核结节和干酪样坏死。

（一）诊断要点

　　本病主要根据病牛流行特点、病牛的症状，进行综合分析，即可做出初步诊断，确诊需要进行实验室诊断。

　　1.流行特点　牛结核病主要由牛型结核杆菌，也可由人型结核杆菌引起。潜伏期长短不一，短者十几天，长者数月甚至数年。结核病病牛是本病的传染源，特别是通过各种途径向外排菌的开放性结核病肉牛。本病主要通过呼吸道（如肺）和消化道（如肠道）感染，也可通过生殖道感染，奶牛还可通过乳导管或注射器使乳房受到感染。小牛多经消化道感染。本病多呈散发，无明显的季节性和地区性，但一般认为冬春季和潮湿地带易于发病。

　　2.症状　牛以肺结核多见，病初食欲、反刍无变化，但易疲劳，常发短而干的咳嗽，尤其当起立运动，吸入冷空气或含尘埃的空气时易发咳，随后咳嗽加重，频繁且表现痛苦。呼吸次数增多或发生气喘。病牛日渐消瘦、贫血，有的牛体表淋巴结肿大，常见于肩前、股前、腹股沟、颌下、咽及颈淋巴结等。当纵隔淋巴结受侵害肿大压迫食道，则有慢性臌气症状。病势恶化可发生全身性结核及粟粒性结核。胸膜、腹膜发生结核病灶即所谓的"珍珠病"，胸部听诊可听到摩擦音。肠道结核多见于犊牛，表现消化不良，食欲不振，顽固性下痢，迅速消瘦。生殖器官结核，可见性机能紊乱；发情频繁，性欲亢进，慕雄狂与不孕。孕牛流产，公牛睾丸肿大，阴茎前部可发生结节，糜烂等。中枢神经系统主要是脑与脑膜发生结核病变，常引起神经症状，如癫痫样发作，运动障碍等。结核多见于犊牛，表现消化不良，顽固下痢，迅速消瘦。

3.病变 本病的病理学特点是组织器官发生增生，牛最常见于肺、肺门淋巴结、纵隔淋巴结，其次为肠系膜淋巴结和头颈部淋巴结。在肺脏或其他器官常有很多突起的白色或黄色结节，切开后有干酪样的坏死，有的见有钙化，切时有沙砾感。有的坏死组织溶解和软化，排出后形成空洞。胸腔或腹腔浆膜可发生密集的结核结节，一般为粟粒至豌豆大的半透明或不透明的灰白色坚硬结节，即所谓的"珍珠病"。胃肠道黏膜可能有大小不等的病灶，内含干酪样物质。

（二）防治

1.预防

（1）犊牛可进行卡介苗预防接种，1月龄以后胸垂皮下注射50～100毫升，以后每年注射1次。

（2）常用5%来苏尔或克辽林，3%福尔马林，10%漂白粉进行消毒。

（3）对污染牛群加强检疫。结核菌素反应呈阳性，应注意临诊检查，及时淘汰开放性牛群；对于出生后的小牛，在1月龄、6月龄、7.5月龄进行连续3次检查，呈阳性者淘汰。

2.治疗 本病对常用磺胺类药物、青霉素及其他广谱抗生素均不敏感。但对链霉素、异烟肼、对氨基水杨酸和环丝氨酸等药物敏感，中草药百部、黄芩等对结核菌有中度的抑菌作用。

牛大肠杆菌病

关键技术

诊断： 本病诊断的关键看病牛是否有严重的白痢，有酸臭味，胃肠出血为主的临床症状，犊牛易感，病情发展快。

防治： 本病防治的关键是平时注意清洁卫生。发病后，及时应用敏感抗菌药物进行治疗。

牛大肠杆菌病是由致病性大肠埃希菌引起牛的一种急性传染病，在临床上以严重白痢、败血症为特征，因初生犊易发，又称犊牛白痢。

（一）诊断要点

本病主要根据病牛的临床特征，结合牛的病变，可以做出初步诊断。

1.流行特点　多见于10日龄以内的犊牛，日龄较大者不宜发生。主要通过消化道感染。常见于冬春舍饲时期，呈地方性或散发，放牧季节很少发生。病的发生与天气骤变、营养不足、圈舍潮湿和污秽等有关。

2.症状　2～3日龄特别是刚生下的犊牛，容易发生急性败血症，往往不显症状突然死亡。病初，体温升高可达40℃，多数见于停止吮乳，精神沉郁，数小时内死亡。有的伴发下痢，排水样粪便，很快脱水，于1～2天内死亡。较常见的为白痢型，以白色下痢为主。痢便的性状不一，有酸臭味，呈黄色或灰白色水样粪便，有的混有凝血块、乳块及气泡。初期精神食欲无明显改变，很快出现脱水、虚脱症状，经2～3天后因衰竭而死，病死率高低不等。

3.病变　腺胃中有大量的凝乳块，胃黏膜脱落，有点状出血和充血。小肠有出血性炎症，腔内充满泡沫状水样内容物，有明显的脱水变化。病程稍长，肘和腕关节肿大，有大量纤维素渗出液蓄积。

（二）防治

1.预防

（1）购买种牛前必须对欲购的牛群进行牛白痢病流行情况和牛群的病史调查；平时加强对牛群白痢病的检疫，检出的阳性牛应全部捕杀。

（2）加强饲养管理，给予营养丰富的饲料，注意牛舍的通风和清洁，经常消毒。

2.治疗

（1）按1～3毫克／千克体重，肌肉注射新霉素或选择其他敏感药物。

（2）若有脱水时，用5%葡萄糖溶液输液；若有酸中毒时，在输液时加入碳酸氢钠或乳酸钠。

（3）投用鱼石脂溶液（乳酸2克，鱼石脂20克，蒸馏水90毫升），即取一汤匙药物混于一杯脱脂乳中，口服，2～3次／天。

牛流行热

关键技术——————————

    诊断：本病诊断的关键看病牛是否发病快，多在夏季发病，持续高热，结膜充血、水肿，畏光、流泪，呼吸困难，鼻镜干燥，流泡沫样口涎的临床症状。

    防治：本病防治的关键是平时注意清洁卫生。发病后，及时应用抗菌药物，同时对症治疗如降温、补液。

    牛流行热是由牛流行热病毒引起的一种急性热性传染病，又称三日热或暂时热。其临床特征为高热、流泪，有泡沫样流涎，流鼻液，呼吸促迫，四肢关节疼痛而跛行。

（一）诊断要点

主要根据本病的流行特点和病牛的临床特征，可以做出初步诊断。

    1.流行特点   本病病源为病牛，主要侵害黄牛和奶牛，以高产和怀孕后期奶牛的症状严重，死亡率高。本病传播迅速，呈流行性或大流行性。本病通过吸血昆虫的叮咬经皮肤而感染，多在夏季发生和流行。本病的发生有明显的周期性，经3～5年流行1次。

    2.病状   病牛突然呈现高热（40℃以上），持续2～3天后，恢复正常。体温升高时，精神沉郁，肌肉震颤，被毛逆立，结膜充血、水肿，畏光，流泪，眼角流出黏液脓性分泌物。呼吸困难，发出呻吟声。鼻镜干燥，反刍停止，流泡沫样口涎，粪便初干，然后下痢。奶产量急剧下降甚至停乳。病牛四肢关节疼痛，跛行，或站立困难而卧倒。皮温不整，触摸角根、耳翼及肢端有凉感。怀孕牛可能流产。大部分病牛呈良性经过，病死率在1%以下。

    3.病变   特征性病变是肺间质气肿，还有表现为肺充血与肺水肿。若有肺气肿时，肺高度膨隆，间质增宽，内有气泡，压迫肺呈捻发音。肺水肿病牛胸腔积大量暗紫红色液体，两侧肺肿胀，间质增宽，内有胶冻样浸润，肺切面流出大量暗紫红色液体，气管内积有大量的泡沫状黏液。淋巴结充血、肿胀和出血。实质器官浑浊肿胀，真胃、小肠和盲肠呈卡他性炎症和渗出性出血。

（二）鉴别诊断

1.牛流行热 传播迅速，呈流行性或大流行性，多发于蚊蝇多的季节，发病率高，死亡率低，数年流行1次。高热持续2～3天，结膜充血、水肿，畏光、流泪，呼吸困难，鼻镜干燥，流泡沫样口涎等。

2.牛传染性鼻气管炎 多发于寒冷季节，尤其是过度拥挤的舍饲牛。鼻黏膜高度充血并出现脓包，呼吸困难，大量流泪，阴道黏膜充血，有时散在灰黄色粟粒大的脓包。

（三）防治

1.预防 母牛于临产前喂给平衡饲料，犊牛要吃足初乳，同时可内服促菌生或乳康生。加强环境卫生消毒和保暖防寒等措施。

2.治疗 尚无特效药物。应用解热镇痛药降温如水杨酸钠、氨基比林、安痛定等，结合强心、补液，纠正酸中毒如静脉注射葡萄糖生理盐水、安钠咖、维生素C；同时应用大剂量的抗生素防止继发感染。若呼吸困难，肌肉注射尼可刹米。

牛伪狂犬病

关键技术 ————————————————

诊断：本病诊断的关键看病牛是否具有以发热、奇痒为特征，并有脑脊髓炎临床症状。

防治：本病防治的关键是免疫预防。发病后，应用血清治疗。

牛伪狂犬病是由伪狂犬病毒引起牛的一种急性传染病，以发热、奇痒为特征，并有脑脊髓炎症状。

（一）诊断要点

本病主要根据病牛症状，即可做出初步诊断，确诊需要进行实验室诊断。

1.流行特点 病牛及隐性感染牛是本病的主要传染源。鼠类粪尿中含有大量病毒，也能传染该病。该病经消化道、呼吸道、体表伤口和生殖道均可感染。一般呈地方性流行，多发于冬春两季。

2.症状 潜伏期一般为3～6天。部分皮肤发生强烈奇痒，体温高达

40℃，病初期就有痒感，无休止地舔患部，使奇痒部位皮肤发红、水肿。随病情发展，病牛舔或摩擦发病部位更强烈，患部甚至擦伤或撕裂。病牛出现某些神经症状时，神志不清，但无攻击行为。食欲减退或拒食，后期多因麻痹而死亡，病程2～3天。

3.病变 除局部被毛脱落，皮肤水肿、充血、擦伤甚至撕裂外，一般无明显肉眼可见的变化。组织病理学检查，中枢神经系统呈弥漫性非化脓性脑脊髓炎变化及神经节炎。病变部位有明显的周围血管套以及弥漫的灶性胶质细胞增生，同时伴有广泛的神经节细胞及胶质细胞坏死。

（二）鉴别诊断

1.李氏杆菌病 多发于冬春季节，呈地方性流行。妊娠母牛症状不明显，常发生流产；病牛在开始表现为精神沉郁，食欲减退。后为轻热、流涎、流鼻涕、不安、行步蹒跚等症状，最后为麻痹。

2.螨病 特征性症状为皮肤发痒，发生湿疹性炎症及脱毛。

（三）防治

1.预防

（1）加强饲养管理、灭鼠，用2％烧碱液和3％来苏尔消毒，淘汰阳性牛。

（2）疫区内的牛可用牛伪狂犬病灭活疫苗进行紧急接种，6～7天后重复1次，免疫期1年。

2.治疗 目前尚无治疗药物，病牛在神经症状出现前可用抗血清治疗。

牛蓝舌病

关键技术

诊断：本病诊断的关键看病牛是否具有以舌呈蓝紫色、发热，口腔、鼻腔和胃肠黏膜发生溃疡性炎症为特征临床症状，并具有传播迅速，发病率高，往往造成牛群大批死亡，且不易控制的流行特点。

防治：本病防治的关键是应用疫苗预防。

牛蓝舌病是由蓝舌病病毒所引起牛的一种非接触性传染病，以病牛的舌呈蓝紫色、发热，白细胞减少，口腔、鼻腔和胃肠黏膜发生溃疡性炎症为特征。本病传播迅速，发病率高，往往造成牛群大批死亡，且不易控制。

（一）诊断要点

本病主要根据本病流行特点、牛的症状和病变，即可做出初步诊断，确诊需要进行实验室诊断。

1.流行特点 病牛及隐性感染牛是该病的主要传染源。主要通过库蠓吸血而传播，也可经胎盘侵害胎儿。此病多在夏末秋初季节发生。

2.症状 潜伏期3～8天。牛感染后通常不出现症状，仅有少数的感染牛表现轻微症状。病初，体温高达40.5～41.5℃，不久，食欲减退，委顿。口流涎，上唇水肿，甚至蔓延整个面部。口腔黏膜充血，呈蓝紫色并有溃疡，吞咽困难。鼻分泌物为脓性分泌物，干后结痂，引起呼吸困难。蹄冠、趾间皮肤充血跛行。孕牛流产，且产出有缺陷胎儿。

3.病变 主要在口腔、瘤胃、心、肌肉、皮肤和蹄部。各脏器和淋巴结充血、水肿和出血，颌下、颈部皮下胶样浸润。口腔黏膜糜烂并有深红色区，口唇、舌、齿龈、硬腭和颊部黏膜水肿、出血；呼吸道、消化道、泌尿系统黏膜以及心肌可见有出血点。严重病例，消化道黏膜常发生坏死和溃疡。蹄冠等部位上皮脱落但不发生水疱。蹄叶发炎并形成溃烂。

（二）鉴别诊断

1.牛口蹄疫 发病率高，死亡率低，拥挤圈养牛传播快。口腔黏膜、蹄部和乳房皮肤易发生水疱，破裂后形成溃疡，其边沿不规则。

2.牛瘟 死亡率高，传播快，呈流行性，口、鼻黏膜发炎，流涎，流泪，鼻孔和眼周围分泌物形成褐色痂块，脱毛，剧烈腹泻。

（三）防治

1.预防 严禁从有发病的地区引进牛，消灭传播媒介库蠓。在本病流行地区，用含有当地血清型的多价疫苗接种。平时加强检疫。

2.治疗 可参照口蹄疫的方法处理口、蹄部病变，防止继发感染。

牛沙门氏菌病

诊断：本病诊断的关键看病牛是否具有以败血症和肠炎为特征临床症状，孕牛易流产，犊牛呈流行性发生的特点。

防治：本病防治的关键是平时加强饲养管理。发病后，及时应用抗菌药物消炎和进行对症治疗。

牛沙门氏菌病是由多种沙门氏杆菌引起的疾病总称。临床上多表现为败血症和肠炎，也可使怀孕母牛发生流产。

（一）诊断要点

根据本病流行特点和病牛临床症状，即可做出初步诊断，但需进行细菌学检验才能确诊。

1.流行病学 传染源主要是病牛和带菌牛。各种年龄的牛都可感染，特别是2～16周龄的犊牛尤为易感。犊牛往往呈流行性发生。发病犊牛多为舍饲，无季节性。而成年牛多在夏季和秋季的放牧季节发生，呈散发性。它们可通过粪便、尿、乳汁和鼻液排出病菌，污染水源、饲料、垫草、用具以及草场、牧场等，经消化道感染健康牛。

2.症状

（1）成年牛：常表现高热（40～41℃）、昏迷、食欲废绝、脉搏频数、呼吸困难，体力迅速衰竭。随后出现腹泻现象，排出带有血液或含有纤维素絮片并间杂有黏膜的恶臭粪便。腹泻开始后，体温降至正常或略偏高。病牛可于发病后24小时死亡，也有的病牛不表现临床症状而突然倒地死亡，多见于1～5日内死亡。病程延长者，可见迅速脱水和消瘦，眼窝下陷，眼黏膜充血、黄染。病牛腹痛剧烈，常用后肢踢腹部，怀孕母牛常发生流产。

（2）犊牛：感染时潜伏期一般为3～20天。在牛群内存在有带菌母牛时，犊牛可于生后48小时内发病，表现为拒食、卧地、迅速衰弱，常于3～5天死亡。尸体剖检无特殊变化，但从血液和脏器中能分离出沙门氏杆菌。多数犊牛常于1～2周龄以后发病，病初体温升高（40～41℃），脉搏增数，呼吸加快，委顿，拒食，多于24小时后发生腹泻，排出灰黄色液状粪便，混有黏液和血丝。此外，有时见有干性咳嗽和呼吸困难的症状。一般于症状出现后5～7天内死亡，死亡率可高达50%。经急性期而未死的犊牛，有的可出现腕和跗关节肿大或有少数犊牛在耳尖、尾尖及足尖发生缺血性坏死。

3.病变

（1）成年牛：主要呈急性出血性肠炎。剖检见肠黏膜潮红，腺胃黏膜也可能有炎性潮红，常有出血变化。肠系膜淋巴结呈不同程度的水肿、出血。脾脏表现为充血或肿大。若病程较长，肺部可发生炎症。

（2）犊牛：表现为腹膜、腺胃、小肠和膀胱黏膜上有弥漫性出血点。脾脏充血性肿大或增生性肿大，触之如橡皮样坚韧而有弹性，呈淡红至暗红色，被膜紧张，切面凸起，但脾髓不外溢。病程较长的病例，肝脏色泽较淡，有时呈现肥厚性肝硬化。胆汁常变为稠而混浊。肺常有实变区，肝、脾和肾有时发现有灰白色或淡黄色分散的坏死灶。

（二）鉴别诊断

1.犊牛大肠杆菌病 多见于10日龄以内的犊牛，常见于冬春舍饲时期，呈地方性流行或散发，放牧季节很少发生。病的发生与天气骤变、营养不良、圈舍潮湿和污秽等有关。在临床上以严重白痢、败血症为特征。

2.牛球虫病 2岁以内的牛易发，死亡率较高，一般发生于4～9月，特别是多雨年份，呈地方性流行，体温正常或略高，粪便稀薄，混有黏液、血液，急剧瘦弱、贫血。

（三）防治

1.预防

（1）加强饲养管理，保持饲料和饮水的清洁、卫生。

（2）对犊牛可用弱毒活菌苗预防，若牛群受到感染威胁时，以使用氢氧化铝吸附菌苗进行免疫为好。

（3）对病牛和长期排菌者，须淘汰或隔离。长期排菌者是指以14天间隔期间连续进行3次粪便检查时，均为病原菌阳性牛只。如连续3次都为阴性，即可不必继续检查。

2.治疗

（1）根据药敏试验选用药物或选择较长时间没有使用的广谱抗菌药。

（2）对症治疗如降温、止泻和支持疗法如输液、补充维生素A及复合维生素B等。

牛病毒性腹泻－黏膜病

牛病毒性腹泻－黏膜病是牛的一种传染病，其特征是腹泻，口腔及消化道黏膜发炎、糜烂或溃疡，又称牛病毒性腹泻或牛黏膜病。

（一）诊断要点

急性病例，主要根据临床症状、病变及流行情况，可以得到初步诊断。但流行缓和且无明显临床症状者，诊断有一定困难。只有采取病料作病毒分离和血清学反应，才能确诊。

1.流行特点 各种年龄的牛均可感染，但以6~18月龄的犊牛多发，多呈隐性感染。病牛和带毒者为传染源。本病直接或间接接触均可感染。主要因摄入被污染的饲料、饮水经消化道或因吸入含病毒的飞沫经呼吸道传染，也可通过胎盘感染、人工受精或自然交配感染。本病常年都可发生，但以冬末和春天多发。

2.症状 自然感染的潜伏期为7~14天，人工感染则为2~3天。牛临床上有急性和慢性两种表现。

（1）急性型：突然发病，体温升高达40~41℃以上，一般持续3~5天。有的可呈双相热。病牛精神沉郁，厌食或废绝，呼吸促迫，干咳，眼鼻流浆液性分泌物，口腔黏膜潮红。随后，在口唇、齿龈、颊部及舌面等黏膜发生糜烂或溃疡，流涎增多，呼气恶臭。也有少数病牛口腔仅有少数糜烂，甚至没有病变，有时鼻镜和鼻孔周围也有如上病变。病牛发生腹泻，粪便恶臭、稀薄如水，内含黏液、纤维素性伪膜或血液，一般持续3~5天。有些病例趾间皮肤形成溃疡、蹄叶炎，而导致跛行。体表淋巴结肿大。孕牛可发生流产。此类病牛多于发病后5～7天死亡。

（2）慢性型：病牛表现为鼻镜干燥、流鼻液，眼流大量黏性分泌物，腹泻时有时无。通常皮肤粗糙如麸皮，颈部皮肤出现局限性脱毛和表皮角质化。慢性蹄叶炎和趾间坏死，蹄冠周围皮肤潮红、肿胀、糜烂或溃疡，呈现跛行。口腔较少发生病变，但门齿齿龈通常发红。有时也可发现坏死灶和溃疡。隐性感染牛能较长期地保持中和抗体。

3.病变　病牛食道黏膜的特征性病变为黏膜的糜烂或溃疡，溃疡面大小不等，形状不规则，多沿皱褶方向呈线状排列。瘤胃也有食道黏膜类似的病变。皱胃幽门部黏膜出血、水肿、溃疡或坏死。小肠呈急性卡他性炎症，其中以空肠、回肠较严重。其他肠管可能有卡他热、出血性或溃疡性炎症。肠系膜淋巴结肿胀。

（二）鉴别诊断

同牛瘟鉴别诊断。

（三）防治

进行血清学检查，阳性牛立即隔离或淘汰。发病后及时隔离或急宰。

牛传染性角膜炎

关键技术

诊断：本病诊断的关键看病牛是否具有眼羞明、流泪、眼睑肿胀、疼痛症状，迅速蔓延全群。

防治：本病防治的关键是保持牛舍卫生，犊牛接种疫苗，及时对病牛进行隔离和治疗。

牛传染性角膜炎是由多种病原引起的疾病。其特征是眼结膜和角膜发生明显的炎症变化，伴有大量流泪，其后发生角膜混浊或呈乳白色。

（一）诊断要点

本病主要根据病牛的临床症状，再结合本病流行特点，不难做出诊断。但必要时只有通过微生物检查或荧光抗体检测，才能确诊。

1.流行病学　任何日龄的牛均易发生，尤其是幼牛，有时高达90%。

通过蝇、病牛眼泪和鼻分泌物污染的饲料进行传播，多发于夏秋天气炎热潮湿的季节，传播迅速，往往呈地方性流行或大流行。

2.症状与病变 潜伏期为3～7天，初期患眼羞明、流泪、眼睑肿胀、疼痛，其后角膜凸出，血管充血、扩张，结膜和瞬膜红肿，或在角膜上发生白色或灰白色小点。严重者角膜增厚，并发生溃疡。常常是一侧眼先患病，后为双眼感染。病程一般为20～30天。病牛一般无全身症状，但眼球化脓时，伴有体温升高、食欲减退、精神沉郁和乳量减少等症状。

（二）防治

（1）注意牛舍卫生，对幼牛进行接种。

（2）发现病牛，及时隔离；用2%～4%硼酸冲洗，拭干后再用四环素软膏涂抹患处，2～3次／天。若角膜混浊，涂抹1%～2%黄降汞软膏。

牛放线菌病

关键技术

诊断： 本病诊断的关键看病牛的头、颈、颌下和舌部是否具有放线菌肿的特征性症状。

防治： 本病防治的关键是及时对病牛进行药物治疗，严重时可施行手术。

牛放线菌病是牛的一种细菌性的非接触性传染病，以头、颈、颌下和舌部的放线菌肿为特征，故又称牛大颌病。

（一）诊断要点

本病根据病牛的特征性症状和病变，即可做出初步诊断。

1.流行特点 本病主要感染2～5岁牛，尤其是换牙齿期。本病主要经黏膜或皮肤处的伤口感染。本病呈散发性。

2.症状 牛常见上、下颌骨肿大，界限明显，肿胀进展缓慢，一般经过6～18个月才出现一个小而坚实的硬块，有时肿大发展甚快，牵连整个头骨。肿部初期疼痛，晚期无痛觉。病牛呼吸、吞咽和咀嚼均感困难，消瘦较快，有时，皮肤化脓破溃，脓汁流出，形成瘘管，不易愈合。头、颈、颌部组织也常发生硬结，不热不痛。舌和咽部组织发硬时称为"木舌病"，病牛流涎，咀嚼困难。乳房患病时，呈弥散性肿大或有局灶性硬结，乳汁黏稠，混有脓汁。

3.病变 由于放线菌病主要病理过程的性质不同（或为渗出——化脓性或为增生性），故本病的病型亦有不同。在受害器官的个别部分，有扁豆粒至豌豆粒大的结节样生成物，这些小结节集聚而形成大结节，最后变为脓肿。脓肿中含有乳黄色脓液，这种肿胀系由化脓性微生物增殖的结果。当细菌侵入骨骼逐渐增大，形如蜂窝。切面常呈白色，光滑，其中镶有细小脓肿。也可发现有瘘管通过皮肤或引流至口腔。在口腔黏膜上有时可见溃烂，或形成褐黄色、圆形、质地柔软的生成物，呈蘑菇状。病期较长的病例，肿块有时发生钙化。

（二）防治

1.预防 避免在低湿地放牧；对于舍饲牛，最好将干草等粗硬饲料软化。对于黏膜、皮肤损伤应及时处理。

2.治疗

（1）硬结可用外科手术切除，若有瘘管形成，要连同瘘管彻底切除，切除后新创腔用碘酊纱布添塞，24～48小时更换1次。伤口周围注射10%碘仿醚；也可用烧烙法进行处理。内服碘化钾，连用2～4周，重症者可静脉注射10%碘化钠，隔日1次。在用药过程中如出现碘中毒现象（黏膜、皮肤发疹，流泪，脱毛，消瘦和食欲缺乏等），应暂停用药5～6天或减少剂量。

（2）较长期的应用抗生素可提高本病的治愈率。牛放线菌对青霉素、红霉素、四环素等比较敏感。

牛无浆体病

关键技术

诊断：本病诊断的关键看病牛是否具有体温升高、贫血、消瘦、黄疸和胆囊肿大的临床症状。

防治：本病防治的关键是灭蜱，及时对病牛进行药物治疗。

牛无浆体病是由无浆体引起牛的一种慢性和急性传染病，其特征是高热、贫血、消瘦、黄疸和胆囊肿大。

（一）诊断要点

本病主要根据病牛症状、病变，结合血片检查，即可做出初步诊断。

1.流行特点　黄牛是无浆体的特异宿主，水牛、野牛等可感染发病。幼牛的抵抗力较强。耐过感染的犊牛可成为带菌者。本病的主要传播媒介是蜱。多发于高温季节。我国于4～9月份多发，北方7月份以后多发。

本病的发病率可达10%～20%，病死率可达5%。死亡多数是无浆体和其他病原微生物（如焦虫）的联合作用引起或营养缺乏和微量元素缺乏所致。

2.症状　中央无浆体病原性弱，引起的症状轻，有时出现贫血，衰弱和黄疸，一般没有死亡；边缘无浆体病原性强，引起症状重。急性的体温突然升高达40～42℃。病牛唇、鼻镜变干，食欲减退，反刍减少，贫血，黄疸。黏膜或皮肤变为苍白和黄染。呼吸与心跳加快。虽可见腹泻，但便秘更为常见，常伴有顽固性的前胃弛缓。粪暗黑，常血染并有黏液覆盖。发病后病牛消瘦，还可出现肌肉震颤，流产和发情抑制。血液检查可发现感染无浆体的红细胞。慢性病呈渐进性消瘦、黄疸、贫血、衰弱，红细胞数和血红素均显著减少。

3.病变　病牛体表有蜱附着，大多数器官的变化都和贫血有关。牛尸消瘦，内脏器官脱水、黄染。体腔内有少量渗出液，颈部、胸下与腋下的皮下轻度水肿。心外膜、心内膜和其他浆膜上可见大量淤斑，血液稀薄。脾肿大3～4倍，淋巴结水肿。骨髓增生呈红色。肝脏显著黄疸。胆囊扩张，充满胆汁，肺气肿，真胃有出血性炎症，大、小肠有卡他性炎症。

（二）防治

1.预防

（1）预防本病的关键是灭蜱。经常用杀虫药消灭牛体表寄生的蜱。保持圈舍及周围环境的卫生，常作灭蜱处理，严防经饲草或用具将蜱带入圈舍。

（2）引进的牛进行药物灭蜱处理。本病的常发地区可用无浆体灭活苗或弱毒苗进行免疫接钟。

2.治疗　应隔离病牛，加强护理。每天喷药驱杀吸血昆虫。用四环素族药物治疗有效。

七、牛的寄生虫病

牛片形吸虫病

牛片形吸虫病是由寄生在胆管中的肝片形吸虫和大片形吸虫所引起的一种急性或慢性人畜共患疾病。

（一）诊断要点

本病主要根据病牛的临床症状，结合粪便检查和流行特点，即可做出诊断。

1.流行特点 水牛较易感染发病，其发病率可达70%～80%。急性病例多发于夏秋季节，慢性病例多发于冬春季节，沼泽低洼地区易发。牛片形吸虫的中间宿主为椎实螺。牛片形吸虫混入饲草或饮水，被牛吞食。

2.症状 一般轻度感染无症状，严重时才表现出临床症状，体温升高，精神沉郁，食欲下降，甚至废绝，呼吸困难，黏膜苍白，腹胀，腹泻或便秘。怀孕牛可见流产或产后瘫痪。慢性病牛，消化不良，被毛粗乱，消瘦或贫血。奶牛产奶量明显减少。

3.病变 当一次性感染大量囊蚴时，在其进入牛体不久，幼虫穿过小肠壁经腹腔进入肝脏，引起肠壁和肝组织的损伤。肝肿大，肝包膜上有纤维素沉积，出血，数毫米长的暗红色虫道，其内有凝固的血液和很小的童虫，可引起急性肝炎和内出血，腹腔中有带血色的液体，有腹膜炎变化，甚至导致急性死亡。

若虫体进入胆管，引起慢性胆管炎、慢性肝炎和贫血，表现慢性片形吸虫病变。早期肝脏肿大，以后萎缩硬化，小叶间结缔组织增生。寄生多时，引起扩张、增厚、变粗甚至堵塞；胆汁停滞而引起黄疸。胆管像绳索样凸出于肝脏表面；内壁有盐类（磷酸钙和磷酸镁）沉积，使内膜粗糙，刀切时有沙沙声，内有虫体和污浊稠厚的液体。

（二）防治

1.预防

（1）除消灭中间宿主椎实螺外，将病牛粪便堆放发酵、晒干或火烧杀灭虫卵。同时应禁止在低洼潮湿的地方放牧，此种水草易被囊蚴污染。

（2）每年冬末春初或秋末冬初进行预防性投药。

2.治疗

（1）一次性内服丙硫苯咪唑15～30毫克／千克体重。

（2）一次性内服硝氯酚5～7毫克／千克体重。

（3）一次性内服磺醚柳胺7.5毫克／千克体重。

牛日本血吸虫病

关键技术

诊断：本病诊断的关键看病牛是否具有排血便、下痢和消瘦特征性临床症状，多发于雨水充沛、气候温暖的夏秋季节。

防治：本病防治的关键是采取综合防治措施。

牛日本血吸虫病是由分体科的日本分体吸虫所引起的一种人畜共患的非常严重的寄生虫病。

（一）诊断要点

本病主要根据病牛的临床症状，结合本病流行特点和粪便检查确诊。

1.流行特点 3岁以下的小牛发病率最高，症状也最重。呈地区性流行，有明显的季节性，多在雨水充沛、气候温暖的夏秋季节多发。中间宿主为遇钉螺，牛多经过饮水或皮肤接触水而感染。感染后无巩固而持久的免疫力。

2.症状 以犊牛临床症状较重，精神委顿，食欲减退，行动缓慢，继而下痢，粪中带有黏液、血液或块状黏膜，其味腥臭。体温升高到40℃以上，呈不规则的间歇热，有的呈现稽留热，消瘦，贫血，随着病程发展，病牛不能站立，最后因衰竭而死亡。转为慢性型，症状多不明显，在正常饲养条件下，病牛日渐消瘦，产奶量下降，母牛往往不孕或流产。犊牛生长发育不良，常呈侏儒牛。

3.病变 肝脏的病变较为明显，其表面或切面肉眼可见粟粒大到高粱米大灰白色或灰黄色的小点，即虫卵结节。感染初期肝脏可能肿大，日久后肝呈萎缩、硬化。严重感染时，肠道各段均可找到虫卵的沉积，尤以直肠部分病变更为严重。常见为小溃疡病、瘢痕及肠黏膜肥厚。在肠系膜和大网膜也可发现虫卵结节，展开肠系膜对光照视，可找到寄生在肠系膜静脉中的成虫；雄虫乳白色，雌虫暗褐色，常是合抱状态。

（二）防治

1.预防 每年进行3次预防性驱虫；把平时或驱虫后的粪便收集在一起进行发酵处理。消灭中间宿主，一般采用1∶5 000硫酸铜溶液在低湿草地喷洒灭螺；注意饮水卫生；安全放牧。

2.治疗

（1）对病牛及时治疗，粪便发酵处理，消灭中间宿主，管好水源。

（2）按10毫克／千克体重一次性服用磺醚柳胺，对成虫或幼虫均有较好的治疗效果。

（3）肌肉注射六氯对二甲苯油溶液，每天用药40毫克／千克体重，5天为一疗程。口服时，每天用药100～200毫克／千克体重，10天为一疗程。

（4）按10毫克／千克体重口服吡喹酮，连用3次。

（5）静脉注射硝酸氰胺2～3毫克/千克体重。

牛囊尾蚴病

（一）诊断要点

本病主要根据病牛的生前诊断较为困难，常用血清学方法做出诊断。

1.流行特点　病牛粪便中的成熟孕节和虫卵所污染的饲料或饮水成为本病的传染源。均为散发，呈地方性流行。

2.症状与病变　感染初期症状显著，最初几天体温高达40～41℃，表现食欲不振，甚至反刍停止，虚弱，下痢，躺卧不起，严重者死亡。耐过8～12天后症状自行消失。病理剖检牛的舌肌、咬肌、颈部肌肉、肋间肌和心肌等处，严重时几乎所有的肌肉内均有寄生，可发现囊虫。

（二）防治

（1）注意公共卫生，对人的大便进行无害化处理；加强饲养管理，特别是病牛粪便的处理和存放。加强牛肉检疫，对检出的牛囊虫肉经高温处理后食用或工业用。

（2）应用丙硫咪唑进行防治。

牛犊新蛔虫病

犊新蛔虫病是由犊新蛔虫寄生于初生牛犊小肠中所引起的一种疾病，其特征性症状是肠炎、下痢、腹部膨大，呼出气体有特殊腥臭味。

（一）诊断要点

本病主要根据病牛特征性临床症状，结合本病流行特点，即可做出初步诊断，确诊需在粪便中检出虫卵和虫体。

1.流行特点　犊新蛔虫病主要发生于2周龄至5月龄以内的犊牛，子宫内感染和吃母乳是感染本病的途径。

2.症状与病变　病初，犊牛吃奶及精神无异常，只见排出灰白色的糊状粪便。此后不愿行动，精神较差，吮乳无力，腹部胀大，排出恶臭的水样血便或硬结粪便。随病情发展，病牛食欲废绝，反应迟钝，皮毛粗乱，出现贫血，后肢无力，行走困难或卧地不起；体温偏低，肢端发凉。咳嗽，呼吸困难，呼出具有特殊腥臭味的气体。肠黏膜脱落，若虫体寄生较多时，造成肠阻塞或肠穿孔，有时肝和肺受损。

（二）防治

1.预防　犊牛出生后15～20天进行一次性驱虫，也可分别于15日龄和35～45日龄时各驱虫1次。

2.治疗

（1）左旋咪唑片用量为7.5毫克／千克体重，一次性投服。

（2）左旋咪唑注射液用量为5毫克／千克体重，一次性皮下注射。

（3）丙硫咪唑用量为10毫克／千克体重，一次性投服。

牛螨病

关键技术

诊断：本病诊断的关键看病牛是否具有皮肤发痒，发生湿疹性炎症及脱毛的特征性临床症状。

防治：本病防治的关键是定期药浴、消毒，保持牛舍干燥、通风，对病牛及时隔离治疗。

牛螨病是由寄生于牛体表或表皮内的疥螨和痒螨引起牛的慢性皮肤病，其特征性症状为皮肤发痒，发生湿疹性炎症及脱毛。

（一）诊断要点

本病主要根据病牛临床症状，结合病料虫体检查，即可做出诊断。

1.流行特点　幼牛或弱牛易发本病，通过接触感染。在秋冬季节，尤其是阴雨天气，牛群拥挤，通风不良时，发病强烈。

2.症状　多见于尾根两侧、会阴、颈及耳根、角根部，严重感染者腹部、背部等处均出现病变。病牛发生剧烈痒痛，各种类型的皮肤炎症及脱毛等。由于奇痒，出现摩擦或用舌舔，皮肤受损，渗出液凝固，形成痂皮，患部严重感染时，病牛精神不振，食欲不佳，日渐消瘦，奶牛产奶量逐渐下降，孕牛导致流产。

（二）鉴别诊断

1.牛湿疹病　有痒觉，不及螨病严重，在温暖牛舍痒觉也不加剧，有的湿疹不痒，皮屑内无螨。

2.牛疥癣病　患部呈圆形，界限明显，覆有疏松干燥的浅灰色痂皮，易剥离，剥离后皮肤光滑，久之，融合成大块癣瘢，无痒觉。

3.牛虱病　患处皮肤增厚、起皱褶或变硬等病变，并可发现牛虱。

（三）防治

1.预防　病牛应隔离治疗，防止互相接触传染。同时，彻底清扫圈舍及污染的用具，然后喷洒溴氰菊酯。保持牛舍通风、透光和干燥。

2.治疗　用温热水清洗患部，去掉痂皮，涂擦硫磺软膏，1次／3天，连续2～3次即可；阿维菌素内服用量0.2毫克／千克体重，皮下注射用量每次0.2毫克／千克体重。

牛棘球蚴病

关键技术

诊断：本病诊断的关键看病牛是否呼吸困难、肝肺表面凹凸不平、肺部听诊病灶部肺泡音微弱或消失及肝肺叩诊呈局限性半浊音。

防治：本病防治的关键是平时加强定期驱虫，摘除棘球蚴或被其感染的器官。

牛棘球蚴病也叫包虫病，是由细粒棘球绦虫的中绦期幼虫——刺球蚴引起的一种人畜共患寄生虫病。

（一）诊断要点

本病主要根据病牛临床症状和病变，即可做出初步诊断，结合生前以新鲜棘球蚴囊液为抗原做变态反应试验，即可确诊。

1.流行特点　本病往往通过污染的饲料传递给健康牛，故放牧牛群易发。

2.症状　轻度感染或初期均无症状。肺脏严重感染时，病牛呼吸困难、咳嗽，如运动增加，咳嗽加重。叩诊时在不同部位有局限性半浊音区，听诊病灶部肺泡音微弱或消失。肝脏严重感染时，腹部右侧膨大，营养失调，常发生嗳气，叩诊肝浊音区扩大。病牛生长发育不良，产乳量及乳质量降低，甚至死亡。

3.病变　肝肺表面凹凸不平处，可发现棘球蚴，有时也可在其他脏器如脾、肾、肌肉、皮下、脑、脊椎管、骨等处发现。切开棘球蚴，可见有液体流出，将液体沉淀后，除不育囊外，即可用肉眼或在解剖镜下看到许多生发囊与原头蚴（即包囊砂）；有时肉眼也能见到液体中的子囊，甚至孙囊。另外，也仍然见到钙化的棘球蚴或化脓灶。

（二）防治

1.预防

（1）严禁随地堆放病牛粪便和用牛的患病器官喂犬；保持饲料、饮水及厩舍卫生，防止被病牛粪污染。

（2）定期预防投药，每季一次。按2毫克／千克体重内服氢溴酸槟榔碱；或按2毫克／千克体重内服氯硝柳胺。

2.治疗　尚缺乏有效药物，一般采取手术摘除棘球蚴或患病器官。

牛绦虫病

关键技术

　　诊断：本病诊断的关键看病牛粪便是否具有绦虫孕节或其碎片，有无呈链的节片吊在肛门处。

防治：本病防治的关键是平时定期驱虫，消灭中间宿主。发病后及时应用药物。

牛绦虫病是由莫尼茨绦虫寄生在牛小肠内所引起的反刍动物寄生虫病。

（一）诊断要点

本病诊断主要根据病牛粪便中有无绦虫孕节或其碎片，即可做出确诊。

1.流行特点　犊牛易发本病，尤其是1.5～8个月的犊牛，呈地方性流行。因中间宿主地螨易生长在潮湿、阴暗而富有腐殖质的土壤中，故在潮湿、阴暗地区容易感染本病。

2.症状　成年牛感染本病后，无显著特异性症状，轻微感染时常不显症状或偶有消化不良的表现。犊牛感染后，表现出精神不振，食欲减退，饮欲增加，还发生下痢。在粪便内可查到绦虫孕节或其碎片，有时呈链的节片吊在肛门处。随后，出现贫血，消瘦，皮毛粗乱无光泽。有的病牛因虫体聚集成团，发生肠阻塞而腹部疼痛，甚至发生肠破裂，因腹膜炎而死亡。有的出现神经症状，如痉挛、肌肉抽搐和回旋运动。末期病牛卧地不起，头向后仰，做咀嚼运动，口吐白沫，反应迟钝甚至消失，最终死亡。

3.病变　在胸腔、腹腔或心囊有不太透明或浑浊的液体；肌肉色淡；肠黏膜、心包膜有明显的针尖样出血点；小肠中有莫尼茨绦虫，寄生处有卡他性炎，有时可见肠壁扩张、臌气、肠套叠等现象。

（二）防治

1.预防

（1）定期驱虫。一般连续二次投药，两次相隔10～15天。

（2）加强粪便管理，尤其是驱虫后所排的粪便。

（3）消除中间宿主。

2.治疗

（1）按50毫克／千克体重灌服硫双二氯酚或按60～70毫克／千克体重灌服灭绦灵。

（2）犊牛按2～3毫升／千克体重灌服1%硫酸铜溶液。

牛泰勒虫病

关键技术

诊断：本病诊断的关键看病牛是否具有稽留热、体表淋巴结明显肿大、触诊有痛感、贫血临床特征和全身性出血、第四胃黏膜有溃疡的特征性病变。

防治：本病防治的关键是平时做好灭蜱；尽早使用药物，效果更好。

牛泰勒虫病是由泰勒科的环形泰勒虫引起牛的一种以高热、贫血、出血、消瘦和体表淋巴结肿胀为特征的寄生虫病，又称牛环形泰勒焦虫病。

（一）诊断要点

本病主要根据病牛的临床症状和病变，结合本病流行特点，即可做出初步诊断，确诊需要进行血液涂片镜检。

1.流行特点 各种年龄的牛易感本病，尤其是1~3岁的牛。本病的流行有明显地区性和季节性。每年6月中下旬开始发病，7月上中旬为发病高峰，8月上旬逐渐平息。死亡率可为100%。

2.症状 可分为轻型和重型两种。

轻型病牛临床表现不甚明显，一般表现为体温呈稽留热，不超过41℃，3~5天恢复正常，体表淋巴结轻度肿胀，结膜充血，精神沉郁，食欲不振，常有便秘现象。一般转归良好。

重型病牛体温高达40.6~41.8℃，多呈稽留热。初期病牛精神、食欲不佳，心跳、呼吸加快，2~5天后病情加重，反刍迟缓或停止，食欲废绝，产奶量显著下降，体表淋巴结明显肿大，肩前淋巴结往往如鸡蛋大，初期硬，压之有疼感，以后逐渐变软。初期便秘，后转腹泻，粪中带有血丝，尿黄但无血尿。可视黏膜潮红，后变苍白，红细胞数降至300万~200万毫升。病情严重时，皮肤、尾根下和黏膜上有深红色出血斑点，病牛迅速消瘦，拱腰缩腹，常卧地不起，最后因极度衰竭而死亡。

3.病变 全身性出血，胸、腹两侧皮下有很多出血斑和黄色胶冻样浸润；肩前淋巴结外观呈紫红色。有大量腹水，肝脾肿大、出血，肾脏有出血点或出血斑，第四胃黏膜肿胀，有大小不等的出血斑，有高粱至蚕豆大的溃疡斑，严重病例第四胃黏膜的病变面积可占一半以上。全身淋巴结肿大。

（二）防治

1.预防

（1）消灭中间宿主。喷洒1%～2%敌百虫溶液，在牛舍墙壁不留有缝隙或洞穴。

（2）定期离圈放牧。做到在4月下旬把牛群赶至草原放牧，到10月末再返回牛舍。

（3）药物预防。

2.治疗

（1）按7～10毫克／千克体重，配成7%溶液，分点深部肌肉或皮下注射贝尼尔，每天1次，连用3天。

（2）按5～10毫克／千克体重磺胺苯甲酸钠，配成10%水溶液肌肉注射，每天1次，连用2～6次。

（3）做到早发现、早治疗。在杀虫的同时配合输血，及时对症治疗，可降低死亡率。

牛球虫病

关键技术

诊断： 本病诊断的关键看病牛是否具有稀便带血、恶臭，直肠有出血斑和溃疡的病变。

防治： 本病防治的关键是平时做到将犊牛、成牛分开饲养，集中处理粪便；严重病牛，进行个别治疗。

牛球虫病是由艾美耳属球虫寄生于牛肠道的一种原虫病。临床上以出血性肠炎为特征。

（一）诊断要点

本病主要根据病牛临床特征及剖检变化，结合镜检粪便，即可确诊。

1.流行特点 牛对本病具有易感性，尤其是2岁以内的牛易发，死亡率较高。一般发生于4～9月，特别是多雨年份。呈地方性流行，牛吞食了球虫卵囊，即可感染。常发于潮湿、多沼泽的放牧区。

2.症状 病初精神沉郁，体温正常或略高，粪便稀薄，混有黏液、血液。稍后病情加剧，体温升至40～41℃，排出混有黏液恶臭的血粪。末期大便失禁，急剧瘦弱、贫血，严重者2～3天内死亡。

3.病变 病牛身体极度消瘦，可视黏膜贫血；肛门敞开、外翻，后肢和肛门周围为血便污染，直肠黏膜肥厚，有出血性炎症变化；淋巴滤泡肿大突出，有白色和灰色的小病灶，同时这些部位常常出现溃疡，其表面覆有凝乳样薄膜。直肠内容物呈褐色，带恶臭，有纤维性薄膜和黏膜碎片。

（二）防治

1.预防 保持牛舍清洁卫生，防止牛粪污染饲料和饮水。不要到低湿地区放牧。犊牛在出生后24小时与成牛分开饲养。定期进行预防用药。

2.治疗

（1）按25毫克／千克体重口服氨丙啉，连用19天。

（2）对严重感染牛球虫的犊牛，按每天1千克体重2毫克莫能菌素进行混饲，连喂33天。

（3）应用地克珠利、磺胺甲氧嘧啶等药物。

牛弓形体病

关键技术

诊断： 本病诊断的关键看病牛是否具有呼吸困难、便血、全身淋巴结肿大的临床特征。

防治： 本病防治的关键是平时加强猫的管理和灭鼠。发病后，尽早使用磺胺类药物治疗。

（一）诊断要点

本病主要根据病牛的临床症状和剖检变化，即可做出初步诊断，确诊要通过病原和血清学检查。

1.流行特点 牛通过吞食猫和病牛所污染的饲料而感染，也可通过破损的皮肤、黏膜而感染。

2.症状 潜伏期为3~24天。病牛多呈急性发作，体温可达40℃以上，呼吸困难，呈腹式呼吸，结膜充血，运动失调，精神极度兴奋，然后转入昏迷状态，常便血。孕牛流产。全身淋巴结肿大，尤其是腹股沟淋巴结肿大明显。有时候犊产出后很快死亡。

3.病变 淋巴结肿大，出血，切面有坏死灶。肺水肿，有灰白色坏死灶，肺间质增宽，切面流出大量带泡沫的液体。小肠黏膜充血、溃疡和纤维素性炎。

（二）防治

1.预防

（1）避免牛吞食猫或病牛所污染的饲料；注意环境卫生，用1%来苏尔或3%烧碱进行消毒，保护破损的皮肤、黏膜。

（2）尽一切可能消灭鼠类；防止猫接近牛舍，对病死牛尸体和粪便做严格处理。

2.治疗 本病的治疗主要通过磺胺类药物和乙胺嘧啶并用。